To.

From

일상생활에서 오해하기 쉬운

과학상식 바로 알고가기 

이상현 · 고선경 지음

책을 시작하며

이 세상에 일어나는 모든 일들을 설명하는 유일한 학문이 과학이다.

그럼에도 불구하고 많은 학생들이 과학에 흥미를 잃거나 관심을 갖지 않고 있다. 이러한 현실은 어느 누구 한 사람의 책임이라기보다는 상급학교 진학 문제, 교육 과정 체계의 문제, 학교 교육의 한계 등 복합적인 문제로 인해서 일어난 일이다.

달걀이 있다. 아이들에게 달걀 중에서 어느 부분이 자라서 병아리가 되느냐고 물어보면 100에 99는 노른자라고 대답한다. 이유를 물어보면 병아리가 노랗기 때문이라고 한다.

"그럼 흰색 병아리는 어떻게 된 것이냐?" 고 물어보면, 머뭇거리고 만다.

물론 나머지 한 명도 답을 맞히지는 못한다. 왜 그럴까?

그 이유는 앞에서 말했듯이 현재 우리의 교육현실이 아이들에게 살아 있는 과학을 가르치기보다는 외우고 계산하는 데 급급한 결과라고 할 수 있다.

즉, 아이들의 잘못보다는 어른들, 특히 과학교육을 담당하고 있는 관련자들의 잘못인 것이다.

부족하지만 이 책은 일상생활에서 우리가 잘못 알고 있거나 혼돈하기 쉬운 것들을 정리하여 아이들에게 도움이 되는 내용으로 구성하였다.

'아, 이건 이런 거구나.'

하는 탄성과 호기심을 갖게 해 주고 싶다.

이 책은 과학적으로 깊이 있는 지식을 주거나, 이론을 적립해 주는 책이 아니다.

다만, 이 책을 읽는 아이들이 과학을 친근하게 느꼈으면 한다.

그래서 '또 다른 과학' 을 만나는 계기가 되었으면 하는 바람이다.

2011년 가을이 내린 날

학교 현장에서 이상현 · 고선경

차례

책을 시작하며 004

Section 01 | 물구나무를 서서도 정상적으로 음식물을 먹을 수 있다 010

02 | 하품은 전염된다 014

03 | 쌍둥이는 하나의 난자에 두 개의 정자가 결합해서 만들어진다 018

04 | 식물은 뿌리를 통해서 필요한 모든 양분을 흡수한다 022

05 | 코끼리의 세포는 개미의 세포보다 크기가 훨씬 크다 026

06 | 지문은 사람에게만 있다 030

07 | 엄마의 나이가 많을수록 기형아를 낳을 가능성이 크다 034

08 | 쌍꺼풀 수술을 하면 쌍꺼풀이 있는 아기를 낳을 수 있다 038

09 | 피는 물보다 진하다 042

10 | 아기의 성별은 엄마가 결정한다 046

11 | 머리카락도 피부다 050

12 | 선인장의 가시는 잎이다 054

13 | 세포는 자신의 역할에 따라 모양과 크기가 다르다 058

14 | 멀미를 하는 것은 차를 타면 소화가 잘 안되기 때문이다 062

15 | 위는 늘어날 수 있다 066

16 | 남자에게는 남성호르몬, 여자에게는 여성호르몬만이 분비된다 070

17 | 모기는 사람의 냄새를 느끼고 모여 든다 074

18 | 식물은 평생 자랄 수 있다 078

19 | 화가 난 상태에서 음식을 먹으면 소화가 잘 되지 않는다 082

20 | 자고 있을 때는 에너지가 소비되지 않는다 086

Section 21 | 뚱뚱한 사람은 땀을 더 많이 흘린다 090
22 | 매운 맛은 피부에서 느낀다 094
23 | 우리 몸에 혈액이 도는 것은 산소와 영양소를 운반하기 위해서다 098
24 | 식물은 밤에만 호흡한다 102
25 | 배가 부를때, 잠이 오는 것은 포만감 때문에 몸이 무거워져서이다 106
26 | 눈이 2개인 이유는 몸의 균형을 맞추기 위해서이다 110
27 | A형과 B형 사이에서도 O형이 나올 수 있다 114
28 | 목욕을 자주 하는 것이 피부에 좋다 118
29 | 식물은 햇빛 쪽으로 굽어자란다 122
30 | 색맹은 여자보다 남자가 더 많다 126
31 | 딸은 엄마를 닮고, 아들은 아빠를 닮는다 130
32 | 술에 취하면 비틀거리는 것은 알코올 성분이 뇌를 마비시키기 때문이다 134
33 | 밝은 곳에 있다가 갑자기 어두운 곳에 가면 잘 안 보이는 이유는 빛이 거의 없어 눈이 놀라기 때문이다 138
34 | 놀라면 간이 콩알만 해진다 142
35 | 지렁이는 비 오는 것을 좋아한다 146
36 | 가을에 단풍이 드는 이유는 엽록소의 색깔이 변하기 때문이다 150
37 | 위에서 음식물 속의 영양소가 흡수된다 154
38 | 코감기에 걸리면 맛을 잘 느끼지 못한다 158
39 | 겨울에는 여름보다 소변을 더 자주 본다 162
40 | 독감 예방주사는 독감을 낫게 하는 약을 넣는 것이다 166

Section 41 | 낙타가 뜨거운 사막에서 살 수 있는 이유는 혹 속에 물을 보관하고 있기 때문이다 170
42 | 추우면 몸이 떨리는 것은 체온을 유지하기 위해서이다 174
43 | 상처난 과일이 더 단맛이 난다 178
44 | 우리 몸에서 산소가 가장 많이 필요한 곳은 폐이다 182
45 | 맛있는 음식을 먹지 않고 생각만 해도 입에 침이 고인다 186
46 | 밥을 먹고 난 뒤 바로 뛰면 배가 아픈 것은 음식이 움직여 위에 통증을 주기 때문이다 190
47 | 고래는 가장 큰 어류이다 194
48 | 물고기가 유리로 된 어항에 부딪히지 않는 이유는 어항을 보고 피하기 때문이다 198
49 | 겨울에 나뭇잎이 떨어지는 이유는 추위 때문에 잎이 얼어붙기 때문이다 202
50 | 식물이 꽃가루를 만드는 이유는 벌과 나비를 불러오기 위해서이다 206
51 | 막대 자석을 반으로 쪼개면 각각 (N)극과 (S)극으로 나누어진다 210
52 | 박쥐는 소리를 질러 주변 환경을 알 수 있다 214
53 | 바람 대신 선풍기로 돛단배의 돛을 밀면 배가 앞으로 나간다 218
54 | 수영장의 물의 깊이는 눈에 보이는 깊이보다 깊다 222
55 | 달걀을 돌린 후 손가락으로 잠깐 멈추었다가 떼면, 생달걀은 계속 돈다 226
56 | 목욕탕 물은 위보다 아래가 더 뜨겁다 230
57 | 산에 올라가면 태양과 가까워지므로 온도가 더 높다 234
58 | 공을 차면 공은 날아가는 방향으로 힘을 받는다 238
59 | 밤말은 쥐가 듣고 낮말은 새가 듣는다 242
60 | 철봉을 속이 꽉 찬 철근으로 만들면 더 강하다 246

Section 61 | 벽돌을 격파할 때 벽돌을 격파하는 힘은 벽돌이 되돌려주는 힘보다 크다 250
62 | 새가 전깃줄에서 감전되어 죽을 수도 있다 254
63 | 유리컵을 두드려 높은 음이 나게 하려면 물을 가득 채우면 된다 258
64 | 지레를 이용하면 무조건 힘이 덜 든다 262
65 | 미래에는 타임 머신을 만들 수 있다 266
66 | 우주선 안에서는 중력이 없으므로 키가 커진다 270
67 | 움직이는 리프트에서 아래로 물체를 떨어뜨리면 물체는 수직으로 떨어진다 274
68 | 롤러코스터에서 거꾸로 돌아도 물건이 떨어지지 않는다 278
69 | 종이 컵에 물을 넣고 끓여도 종이가 타지 않는다 282
70 | 추운 겨울철에 뜨거운 물이 미지근한 물보다 먼저 언다 286
71 | 자석을 이용하면 공중 부양을 할 수 있다 290
72 | 진자를 느리게 하려면 추의 무게를 무겁게 하면 된다 294
73 | 자동차 타이어가 닳으면 정지하는 데 걸리는 시간이 길다 298
74 | 정지를 알리는 신호등이 빨간색인 것은 피의 색을 연상시키기 위해서이다 302
75 | 거울을 이용하면 현관등이 켜지지 않게 할 수 있다 306
76 | 아침에 뜨는 해가 오후에 뜨는 해보다 커 보인다 310
77 | 사람의 목소리만으로 물 잔을 깨뜨릴 수 있다 314
78 | 빛이 없어도 시간이 지나면 보인다 318
79 | 물이 얼면 부피가 줄어든다 322
80 | 눈이 오는 날에 소리가 더 크게 들린다 326

Section

01 물구나무를 서서도 정상적으로 음식물을 먹을 수 있다

친구들로부터 뚱뚱하다는 소리를 들은 은별이. 결국 다이어트를 하기로 결심을 했습니다. 다리를 꼬고 언젠가 책에서 본 다이어트용 요가를 하며 땀을 뻘뻘 흘리고 있는데, 문밖에서 지금까지 은별이의 우스꽝스러운 행동을 보고 있던 한별이가 키득거리며 방으로 들어 왔습니다.

은별이가 화가 나서 한별이에게 물었습니다.

"왜 웃어! 이 동작 잘 할 수 있어? 이 동작이 다이어트에 최고라고!"

"그 정도야 누워서 떡 먹기지~."

"누워서 떡 먹기?"

"응! 이거 봐! 너보다 내가 더 잘하지 않냐?"

"쳇! 근데 누워서 떡 먹는 거 무척 어렵지 않나?"

"먹을 수 있어! 난 지난번에 물구나무를 서서도 콜라를 마셨단 말이야!”

“거짓말쟁이! 모든 물체는 중력 때문에 아래로 떨어지게 되는데, 거꾸로 있는데 어떻게 음식을 먹을 수 있겠니?”

요가동작에서부터 출발한 한별이와 은별이의 싸움! 누가 이기게 될까요?

◎ 물구나무를 서서도 음식을 먹을 수 있다는 한별이의 말! 맞을까? 틀릴까?

정답 

한별이의 말처럼 물구나무를 서서도 음식을 먹을 수 있습니다.

우리가 입에서 음식물을 삼키게 되면 음식물은 식도 → 위 → 소장 → 대장을 거쳐 항문으로 배출되게 됩니다. 그런데 음식물이 이러한 기관들을 거칠 때 소화관 벽의 근육은 소화가 잘 일어나게 하기 위해 운동을 합니다. 그 중에 하나가 근육이 오므렸다 폈다 하는 동작을 반복하면서 먹은 음식물을 아래로 밀어 내려 보내는 작용인데, 이것을 어려운 말로는 '연동운동'이라 합니다. 이렇게 반복하여 근육이 움직이게 되면 음식물은 자신의 몸이 거꾸로 있는 것에 상관없이 식도에서 항문 방향으로 내려가게 되는 것입니다.

소화관 벽의 근육은 연동운동 말고도 또 다른 운동을 하게 되는데, 그것은 바로 '혼합운동' 입니다. 혼합운동은 우리가 섭취한 음식물이 소화효소와 잘 만나도록, 여러 방향에서 근육이 오므렸다 폈다 하는 동작을 반복하면서 음식물과 소화효소를 섞어 주는 작용입니다.

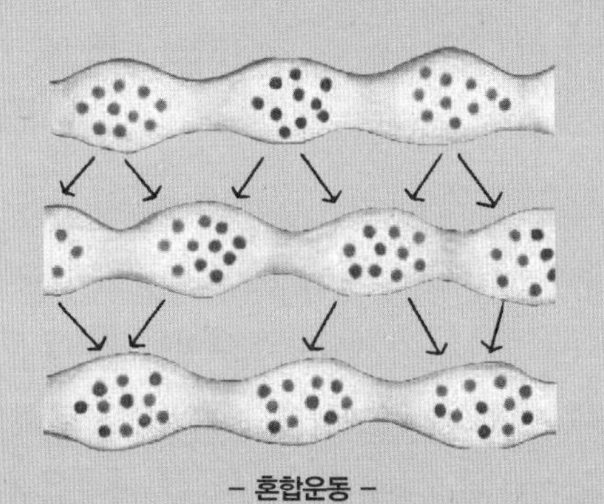

- 혼합운동 -

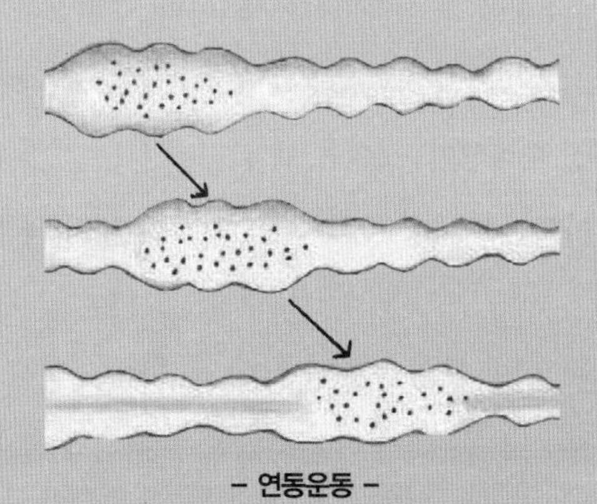

- 연동운동 -

Section

02 하품은 전염된다

은별이는 개학을 이틀 앞두고 밀린 방학숙제를 하느라 정신이 없습니다. 밤 12시가 지나자, 은별이는 졸음에 못 이겨 하품을 하였습니다. 옆에 있던 한별이도 숙제는 하는 둥 마는 둥 꾸벅꾸벅 졸며 입을 크게 벌려 하품을 하였습니다. 잠시 후엔 은별이와 한별이 뒤에서 신문을 보던 아버지까지 "아함~. 피곤하다~." 하시며 하품을 하셨습니다. 그 장면을 본 은별이가 이렇게 말했습니다.

"이 따라쟁이! 오빠는 맨날 내가 하는 거 똑같이 따라하지? 오늘은 아빠까지 나를 따라하네! 왜 다들 내가 하는 걸 따라서 하는 거야?"

은별이의 말을 들은 한별이는 황당해 하면서 이렇게 말했습니다.

"무슨 소리! 내가 너를 따라한 게 아니라 너한테 전염된 거라고!"

"전염되다니? 하품이 무슨 병이니 전염이 되게!"

"하품도 전염되는 거야! 교실에서도 한 명이 하품을 하면 연속으로 다른 애들도 하품을 하잖아. 그러니까 하품은 전염되는 것이 확실해!"

"그런 억지가 어딨어!"

자신의 말을 믿지 못하는 은별이의 말에 한별이는 아빠를 보며 말했습니다.

"아빠! 대답 좀 해 주세요. 제가 한 말이 맞죠?"

과연 하품이 전염된다는 한별이의 말! 맞을까? 틀릴까?

정답 

한별이처럼 하품이 전염된다고 생각하는 친구들이 많지만, 하품은 전염되지 않습니다. 우리는 산소는 들이마시고 이산화탄소는 내뱉는 호흡을 하며 살아갑니다.

하품은 우리 몸에 필요한 산소가 부족하다는 일종의 신호라고 볼 수 있습니다. 즉, 좁은 공간에 많은 사람이 있을 때 연달아 하품을 하게 되는 것은, 전염된 것이 아니라 사람들의 호흡으로 산소가 계속 부족하게 되어 그에 대한 반응으로 나타나는 현상입니다.

하품을 하게되면 입을 크게 벌리게 되므로 부족한 산소를 보다 많이 흡수할 수 있게 되기 때문입니다.

하품을 하면 왜 눈물이 날까요?

눈물은 눈으로 들어온 불필요한 물질이나 세균을 없애는 역할을 합니다. 또한 눈 전체를 촉촉하게 적셔 주어 물체의 상이 찌그러지지 않고 선명하게 보이도록 하는 역할도 담당합니다. 그래서 양쪽의 눈물샘에서는 조금씩 눈물을 만들어 보관하고 있다가 눈 깜박임으로 눈 주변의 근육을 자극하여 눈 전체에 눈물이 퍼지도록 해줍니다. 그런데 하품을 하게 되면 입을 크게 벌리게 되어 얼굴 근육이 움직이면서 동시에 눈물샘 주변의 근육을 자극하게 됩니다. 이러한 자극으로 인해 눈물샘에 고여 있던 눈물이 밖으로 나오게 되므로 하품을 할 때에는 눈물이 나오는 것입니다.

Section

03 쌍둥이는 하나의 난자에 두 개의 정자가 결합해서 만들어진다

한별이와 은별이는 쌍둥이입니다. 둘은 항상 쌍둥이라는 이유로 비교를 당하는 일이 많아 누구보다도 서로에게 샘을 많이 냅니다. 오늘도 한별이는 왜 나는 은별이와 쌍둥이냐며 엄마에게 투정을 부립니다.

"왜 은별이는 올해 들어 키가 많이 컸는데 나는 안 크는 거야?"

한별이의 짜증에 엄마가 물었습니다.

"갑자기 왜 키를 가지고 그러니?"

그러자 한별이는 입을 쑥 내밀며 엄마에게 하소연합니다.

"애들이 나보러 은별이와 키가 비슷하다며 오빠 맞냐고 그런단 말이야!"

그러자 옆에서 이를 지켜보던 은별이 역시 쌍둥이인 것에 대해 불만을 말합니다.

"나도 오빠랑 쌍둥이인 것에 불만이 많다고! 다들 오빠랑 나를 얼마나 비교하는지….”

그러자 어머니는 둘을 달래며 이렇게 말씀하십니다.

“지금은 너희가 어려서 쌍둥이인 것에 불만이 많지만, 나중에 크고 나면 누구보다도 각별한 오누이가 될 거란다.”

엄마의 말씀을 듣던 한별이는 갑자기 궁금증이 생겼습니다.

“엄마! 우리는 엄마의 난자 1개에 아빠의 정자 2개가 결합해서 쌍둥이가 된 거 맞죠?”

한별이의 말을 비웃는 듯 은별이가 말합니다.

“그런 게 어딨어! 어떻게 정자 2개가 한꺼번에 결합을 하겠어? 그렇지 엄마?”

쌍둥이는 난자 1개에 정자 2개가 결합해서 만들어진다는 한별이의 말! 맞을까? 틀릴까?

정답 [✕]

보통 쌍둥이란 난자 1개에 정자 2개가 결합했거나, 난자 2개에 정자 1개가 결합해서 만들어졌다고 생각하는 경우가 많습니다. 하지만, 언제나 난자와 정자는 1:1로만 결합을 합니다. 보통 아이가 만들어지든, 쌍둥이가 만들어지든 말입니다.

쌍둥이에는 일란성 쌍둥이와 이란성 쌍둥이가 있습니다. 이 두 종류의 쌍둥이는 만들어지는 방법에 차이가 있습니다. 일란성 쌍둥이는 보통 아이가 만들어지는 것과 똑같은 방법으로 만들어집니다. 즉, 엄마의 몸에서 배란*된 하나의 난자가 아빠의 정자 한 개와 결합하여 수정란*이 됩니다. 그런데 보통 아이가 만들어질 때와는 달리, 만들어진 수정란이 발생*되는 과정에서 두 개로 나뉘어 각각 두 아이로 자라게 됩니다. 이 경우, 동일한 수정란 한 개에서 만들어진 것이므로 성별, 혈액형 등의 유전적 특징이 같고 생김새도 거의 비슷한 두 아이가 됩니다.

이란성 쌍둥이의 경우, 엄마의 몸에서 두 개의 난자가 배란된 후 각각 아버지의 정자와 하나씩 결합하여 두 개의 수정란이 됩니다. 그 후 만들어진 두 개의 수정란은 각각 두 아이로 자라게 됩니다. 즉, 이란성 쌍둥이는 수정란의 근원 자체가 다르기 때문에 생김새도 다르며, 성별, 혈액형 등의 유전적 특징이 다른 두 아이가 됩니다.

배란 엄마의 난소에서 난자가 배출되는 현상

수정란 난자와 정자가 결합하여 만들어진 것으로, 이것이 자라서 아기가 됨.

발생 수정란이 점차 커가면서 몸의 구조를 형성하는 과정

Section

04 식물은 뿌리를 통해서 필요한 모든 양분을 흡수한다

은별이는 살을 빼기 위해 밥을 잘 먹지 않습니다. 올해는 다이어트에 꼭 성공하려는 굳은 결심을 하고 있기 때문입니다. 오늘도 역시 조금만 먹는다며 음식을 많이 남긴 은별이를 보고, 한별이는 잔소리를 하기 시작합니다.

"아직도 소말리아에서는 많은 아이들이 굶고 있다고! 그 아이들을 생각해서라도 남기지 말고 다 먹어야 벌 안 받는다!"

한별이의 말을 듣자 양심이 찔리는 듯 은별이가 말합니다.

"그건 그렇긴 하지만…. 다이어트도 포기할 수 없단 말이야. 우리 집에도 강아지 한 마리 키웠으면 좋겠다. 남긴 음식 주면 좋아할텐데…. 아! 맞다! 이러면 되겠다!"

은별이가 기발한 아이디어가 떠오른 듯 소리칩니다. 그러자 한별이가 은별이를 보며 묻습니다.

"뭐 좋은 수가 생각났냐?"

"응! 우리 집에 화분 많잖아. 화분에 비료로 주면 되잖아! 내가 먹다 남은 음식에는 탄수화물, 단백질, 지방이 많아 영양가가 높으니까 식물에게 줘도 좋을 거야."

그러자 한별이는 어이없다는 듯이 되묻습니다.

" 식물이 우리랑 똑같냐? 음식을 먹게?"

"우리처럼 음식을 먹진 않지만, 식물은 뿌리를 통해 필요한 모든 영양분을 흡수할거야."

"제발 그러지 마라~. 말도 안 되는 소리 하지 말고, 어서 남은 거다 먹기나 해!"

식물이 뿌리를 통해 필요한 모든 영양분을 흡수한다는 은별이의 말! 맞을까? 틀릴까?

정답 [X]

식물의 뿌리가 흡수를 담당하는 곳은 맞습니다. 하지만, 식물이 생활에 필요한 모든 영양분을 뿌리로 흡수하는 것은 아닙니다.

식물에게 필요한 양분은 크게 유기양분과 무기양분 두 가지입니다. 유기양분이란 식물이 광합성을 통해 스스로 만든 양분인 탄수화물, 단백질, 지방의 3대영양소를 의미합니다. 즉, 유기양분이란 식물이 먹지 않아도 햇빛을 이용해 스스로 만들 수 있는 것입니다. 하지만, 유기양분만 있다고 해서 식물이 생명을 이어갈 수 있는 것이 아닙니다. 그 외에 탄소, 수소, 산소, 질소, 황, 인, 칼륨, 마그네슘, 철, 칼슘의 10가지 원소도 필요합니다. 이것이 바로 무기양분입니다. 무기양분은 식물이 뿌리를 내리고 있는 장소인 흙 속에 들어있어 물과 함께 식물의 뿌리로 흡수됩니다. 따라서 식물이 뿌리를 통해 모든 양분을 흡수하는 것이 아니라 무기양분만 흡수한다는 것이 옳은 표현입니다.

식물에게 필요한 10가지 무기양분 중 마그네슘과 철은 엽록소(식물의 녹색 색소) 생성에 관련됩니다. 따라서 식물에게 마그네슘과 철이 부족할 경우, 식물은 녹색이 되지 못하고 누렇게 변하게 됩니다.

〈식물에게 필요한 필수원소의 기능〉

탄소, 수소, 산소 탄수화물, 단백질, 지방 등을 구성

질소, 황 단백질의 성분

인 핵산의 성분

칼륨 뿌리, 줄기의 생장 촉진

마그네슘 엽록소의 구성 성분

철 엽록소 생성에 필요

칼슘 세포벽의 성분

Section
05 코끼리의 세포는 개미의 세포보다 크기가 훨씬 크다

은별이와 한별이가 열심히 TV를 보고 있습니다. 이토록 열심히 보는 이유는 둘이 평소에 무척이나 좋아하는 과학 프로그램을 방영하고 있기 때문입니다. 오늘의 제목은 '생명체는 무엇으로 되어 있을까' 로, 모든 살아있는 생명체는 세포라는 작은 단위가 모여 이루어져 있다는 내용입니다. 신기한 세포들의 모습에 두 아이는 숨을 죽이고 화면에 빠져 있던 중 은별이가 먼저 말을 꺼냅니다.

"오빠! 그러면 오빠와 나는 생명체니까 당연히 생명체의 가장 작은 단위인 세포로 이루어져 있겠네."

"그렇겠지! 그뿐이겠어? 우리 집에 우리와 같이 살고 있는 바퀴벌레도 우리처럼 생명체니까 세포로 이루어져 있겠지…. 이 놈의 모기도 마찬가지고 말이야."

"와~신기하다! 그러면 코끼리같이 큰 동물과 아주 작은 개미를 비교하면 말이야~. 코끼리의 세포가 개미의 세포보다 몇 백배는 더 큰 거겠지?"

은별이가 호기심 가득한 얼굴로 한별이에게 질문합니다.

그러자 한별이가 대답합니다.

" 그건 아닐 듯 한데…. 세포의 숫자가 훨씬 더 많은 게 아닐까?"

◎ 코끼리의 세포는 개미의 세포보다 크다는 은별이의 말!
맞을까? 틀릴까?

정답 [✕]

모든 생명체는 기본단위인 세포로 이루어져 있습니다. 그렇지만 몸집이 큰 생명체라고 해서 몸집이 작은 생명체와 비교해 훨씬 크기가 큰 세포를 가지고 있는 것은 아닙니다. 세포의 크기에는 한계가 있어서 어느 이상으로 커질 수 없습니다. 왜냐하면 세포는 혼자서는 살 수 없고 주변과 물질교환*을 해야만 하는데 세포의 크기가 어느 이상 커지면 물질교환이 원활하게 이루어질수 없기 때문입니다. 코끼리의 몸이 개미보다 큰 것은 세포의 크기가 커서가 아니라 세포의 개수가 훨씬 더 많기 때문입니다.

물질교환이란, 세포가 주변으로부터 필요한 영양분과 산소는 받아들이고, 세포 속에 생긴 불필요한 노폐물과 이산화탄소는 내보내는 작용을 의미합니다. 그런데 세포가 너무 커지면 이러한 물질교환 작용이 원활해질 수 없습니다. 작은 공간에서 가까이 있는 두 사람은 서로의 목소리가 잘 들려 대화가 원활히 이루어지지만, 큰 공간에서 멀리 떨어져 있는 두 사람은 서로의 목소리가 잘 들리지 않아 대화가 원활하지 못한 것과 같은 이치입니다. 그래서 세포는 원활한 물질교환을 위해 세포의 크기는 어느 한계이상으로 늘리지 않고, 대신 세포의 개수를 늘리게 됩니다.

Section

06 지문은 사람에게만 있다

한별이는 도장을 찾아야 한다면서 온 방안을 어지럽히고 있는 중입니다. 선생님께서 가정통신문에 꼭 본인 도장을 찍어 와야 한다고 하셨기 때문입니다.

"어랏! 어디 있지? 분명 지난번에 쓰고 여기다 둔 것 같은데 어디로 간 거야? 은별이 네가 치웠어?"

"왜 괜히 나를 갖고 그래? 그러게 늘어 놓지만 말고 정리 좀 하란 말야."

"아…. 어쩌지…. 꼭 도장 찍어가야 하는데…. "

"도장 없으면 지장 찍으면 되잖아!"

지장을 찍으라는 은별이의 말에 한별이는 묻습니다.

"지장? 도장 대신 지장을 찍어가도 되나?"

"당연하지! 지문은 사람마다 달라서 주민등록증에도 신분을 나타내기 위해 뒤에 지장을 찍잖아! 그러니까 만약에 도장이 없으면 지장을 찍으면 돼~."

한별이는 한시름 놓으며 가정통신문에 지장을 찍었습니다.

"근데 지문은 사람만 있을까? 사람을 구별해 주니까 사람에게만 있겠지?"

"글쎄, 사람과 비슷한 동물에게도 있지 않을까?"

지문은 사람에게만 있다는 한별이의 말! 맞을까? 틀릴까?

정답 []

지문은 물건을 쥘 때 미끄러지는 것을 막아 주고, 무엇을 만질 때 촉감을 통해 물건을 식별해 주는 역할을 합니다. 그래서 지문은 손을 많이 사용하고, 도구를 이용하는 사람을 포함한 고릴라, 침팬지, 원숭이 등에게도 존재합니다. 또한 지문은 사람마다 무늬가 달라서 오늘날에는 사람을 구별하는 도구로도 사용되고, 범인을 가려내는데 이용하기도 합니다.

지문 뿐만 아니라 사람의 홍채도 사람을 식별하는 데 이용할 수 있습니다. 일단 홍채가 무엇인지 알기 위해 거울을 한 번 들여다 봅시다! 거울 속에서 자신의 눈동자를 바라 보세요~. 자신의 검은 눈동자를 자세히 바라 보면, 검은 눈동자가 두 부분으로 나누어짐을 확인할 수 있을 겁니다. 우선 가장 가운데에 있는 검은 눈동자는 매우 까만색이고, 그 주변은 약간 갈색을 띤 검은 눈동자이지요? 두 부분의 차이를 느껴 보았나요? 가운데의 매우 까만 눈동자는 동공이고, 주변에 약간 갈색으로 느껴지는 검은 눈동자가 바로 홍채입니다. 가족들 간에도 색깔이 약간씩 다르며 인종별로도 파란 눈, 검은 눈으로 색깔 차이가 나는 부분이 바로 홍채입니다. 그런데 홍채는 사람마다 색깔만 차이가 나는 것이 아니라 무늬에도 차이가 있어 지문처럼 사람을 식별하는 도구로 사용할 수 있습니다. 그래서 미래를 배경으로 하는 영화에서, 출입문 입구에 눈을 가까이 가져가면 주인의 홍채를 인식하고 문이 열리는 장면을 볼 수 있습니다.

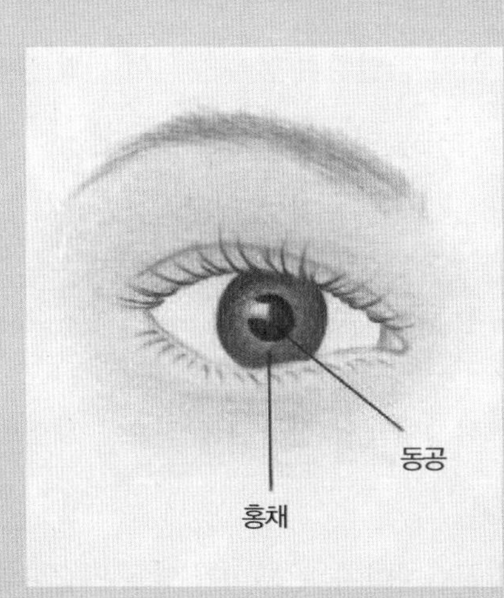

Section

07 엄마의 나이가 많을수록 기형아를 낳을 가능성이 크다

은별이와 한별이가 갑자기 철이 든 모양입니다. 학교에서 오자마자, 엄마를 와락 끌어안으며 감사하다고 외치니 말입니다.

"엄마! 저희를 이렇게 멀쩡히 낳아 주셔서 정말 감사합니다!"

엄마는 깜짝 놀라시며 이렇게 말씀하십니다.

"아니~ 너희들! 새삼스레 왜 이러니? 학교에서 무슨 일 있었구나! "

여전히 엄마를 껴안은 채 한별이가 말합니다.

"그게 아니라, 선생님께서 잘못된 유전으로 태어난 기형아의 모습을 보여주셨어요."

한별이의 말이 끝나자마자, 은별이가 말을 잇습니다.

"그걸 보고 나니깐 우리를 이렇게 정상으로 태어나게 해 준 엄마, 아빠한테 너무 고마워서 눈물이 나왔어요. 엄마! 정말 고맙습니다."

그러자 궁금증이 많은 한별이가 질문을 합니다.

"아까 본 다운증후군이라는 유전병은 엄마에게 잘못된 유전자를 받아서 생긴건데, 엄마의 나이가 많을수록 아이가 다운증후군이 될 가능성이 크대요! 그러면, 엄마의 나이가 많을수록 기형아를 낳을 확률이 큰 걸까요?"

은별이가 대답합니다.

"글쎄…. 꼭 엄마의 탓일까? 아빠의 영향도 있지 않을까?"

엄마의 나이가 많을수록 기형아를 낳을 확률이 높다는 한별이의 말! 맞을까? 틀릴까?

정답 [O]

엄마의 나이가 많을수록 기형아를 낳을 확률이 높습니다. 이것은 남자의 생식세포인 정자와 여자의 생식세포인 난자가 만들어지는 과정의 차이 때문입니다. 남자의 몸에서는 일생 동안 계속해서 정자를 생산해 낼 수 있습니다. 그러나 여자는 다릅니다. 여자는 남자와는 달리 계속해서 난자를 만들 수 없고, 태어날 때 일정량의 난자를 가지고 태어나 쓰기만 하면서 살아갑니다. 이것을 음식에 비유해 보면 이렇습니다. 남자의 경우는 계속 정자를 만들 수 있기 때문에 신선한 음식을 계속 만드는 것과 같습니다. 하지만, 여자는 가지고 태어난 난자를 쓰기만 하므로, 한번 만든 음식을 보관하고 있는 것과 같습니다. 그러니 오래 보관하면 음식이 상할 염려가 높겠죠? 그래서 여자의 몸에서 오랫동안 보관된 난자에는 문제가 생길 가능성이 크답니다.

다운증후군이란 무엇일까요?

산모의 연령이 높을수록 다운증후군인 아기를 낳을 가능성이 높습니다. 다운증후군이란 선천적으로 특이한 얼굴 생김새와 정신지체가 특징인 유전병입니다. 체형이 작고 비만 경향을 보이며 유아기 때 목을 자유롭게 돌리거나 몸을 잘 뒤집지 못하는 등의 운동발달 지체가 나타납니다. 여러 종류의 정신지체를 나타내며 지능지수 50 이하가 많고 성격은 온순합니다.

Section

08 쌍꺼풀 수술을 하면 쌍꺼풀이 있는 아기를 낳을 수 있다

사춘기에 접어든 은별이는 요즘 들어 부쩍 외모에 관심이 많습니다. 하루에도 거울을 수십 번 씩 들여다 봅니다. 오늘은 거울 앞에서서 쌍꺼풀 만들기에 열을 올리고 있습니다. 이 모습을 본 한별이가 한심하다는 듯 말을 겁니다.

"야! 야! 이상해~. 그렇게 억지로 쌍꺼풀 만드니까 괴물같다!"

한별이의 말을 들은 은별이는 화를 내며 이렇게 말합니다.

"뭐야! 쌍꺼풀 있는 게 훨씬 예쁜데 왜 시비야?! 엄마! 나 이렇게 수술할래! 쌍꺼풀 수술해줘!"

한별이는 더 약을 올리며 말합니다.

"됐다 됐어! 쌍꺼풀 만든다고 호박이 수박 되냐?"

"난 나의 2세를 위해서 수술을 하려는 거라고! 내가 쌍꺼풀이 있어야 나중에 내가 낳을 아이도 쌍꺼풀이 생길 거 아니야."

"뭐라고? 네가 쌍꺼풀 수술을 하면, 네 아이도 쌍꺼풀이 생긴다고! 푸하하하! 그렇게 말도 안 되는 억지가 어딨냐!"

은별이를 비웃듯이 한별이가 말합니다. 과연 은별이의 말대로 성형수술로 2세의 외모까지 바꿀 수 있는 걸까요?

쌍꺼풀 수술을 하면 쌍꺼풀이 있는 아이를 낳을 수 있다는 은별이의 말! 맞을까? 틀릴까?

정답 [X]

아기는 엄마, 아빠의 생식세포(난자와 정자)에 들어있는 유전자를 물려 받게 됩니다. 이것을 '유전'이라 합니다. 그러나 쌍꺼풀 수술을 한 것은 겉모습을 바꾼 것일 뿐입니다. 즉 대대로 유전되는 '유전자'는 여전히 변하지 않습니다. 만약 은별이가 쌍꺼풀 수술을 한다면 겉모습의 정보는 '쌍꺼풀이 있다'로 바뀌지만, 여전히 은별이의 유전자 정보는 '쌍꺼풀 없다'로 남아있게 됩니다. 그러므로, 은별이는 은별이의 자손에게 유전자 정보인 '쌍꺼풀 없다'의 정보를 물려 주게 될 것입니다. 그렇지만 실제로 은별이의 아이가 쌍꺼풀이 있을지, 없을지는 은별이가 어떤 남편(쌍꺼풀이 있거나, 없거나)을 만나는지에 따라 달라지게 됩니다. 왜냐하면 자손은 부모에게 유전자를 반반씩 물려 받기 때문입니다.

살면서 후천적으로 얻은 특징을 '획득형질' 이라고 부릅니다. 위의 경우처럼 은별이가 쌍꺼풀 수술을 하여 쌍꺼풀이 생겼다면, 이것은 선천적인 특징이 아닌 '획득형질' 입니다. 이러한 획득형질은 자손에게 유전되지 않습니다.

Section

09 피는 물보다 진하다

은별이와 한별이가 사이좋게 집으로 들어옵니다. 매일 서로 약 올리고, 싸우기를 일삼던 둘을 보며, 엄마는 의아해 하십니다.

"웬일로 둘이 이렇게 다정하게 집에 오니? 보기 참 좋네."

은별이가 얼굴에 환한 웃음을 지으며 대답합니다.

"엄마! 오늘 오빠가 얼마나 멋졌는지 알아? 나를 위험에서 구해 줬다고!"

엄마는 무슨 일인지 궁금해 하시며 자세히 이야기해 보라고 재촉하십니다. 은별이는 아직 감동에서 헤어나오지 못한 눈빛으로 말을 이어갑니다.

"내가 우리반 남자애들과 심하게 말다툼을 하다가 주먹이 오고 갈 참이었거든! 그런데 그 때 갑자기 한별 오빠가 어디선가 나타나서 나를 위험에서 구해 줬어. 걔네들 우리 한별이 오빠가 오니깐 꼼짝 못하던 걸~."

"우와~. 우리 한별이 대단하구나! 역시 오빠는 다르다 그렇지?"

한별이는 은별이와 엄마의 말에 더욱더 어깨를 으쓱거리며 말합니다.

"뭐 그정도 가지고…. 평소에는 은별이가 얄밉고 그랬는데, 역시 피는 물보다 진한가 봐! 그 상황을 보니깐 가슴 속에서 뭔가 치밀어 오르더니 가만히 못 있겠더라고!"

은별이가 한별이의 손을 꼭 잡으며 말합니다.

"오빠! 정말 고마워. 근데 정말 피는 물보다 진할까? 그렇다면 어떤 이유에선지 과학적으로도 궁금한걸!"

피는 물보다 진하다는 한별이의 말! 맞을까? 틀릴까?

정답 [O]

가끔 드라마나 영화에서 '피는 물보다 진하다' 라는 표현을 쓰며, 가족애를 강조하는 모습을 본 적이 있지요? 맞습니다. 과학적으로도 피는 물보다 진하다고 말할 수 있습니다. 즉, 농도가 높다는 의미입니다. 왜냐하면 피는 단지 물과 같은 액체가 아니기 때문입니다. 피는 크게 4가지로 구성되어 있습니다. 물로 보이는 대부분의 성분은 '혈장' 이라고 부릅니다. 또한 적혈구, 백혈구, 혈소판이라는 3가지 물질이 피의 나머지 부분을 구성합니다. 이들은 각각 중요한 역할을 담당합니다. 적혈구는 호흡을 통해 흡수한 산소를 몸의 곳곳에 운반해 주는 역할을 합니다. 또한 백혈구는 우리 몸에 침입한 세균을 잡아 먹으며, 혈소판은 상처가 났을 때 딱지를 만들어 더 이상 피가 밖으로 빠져나가지 않게 만들어 줍니다.

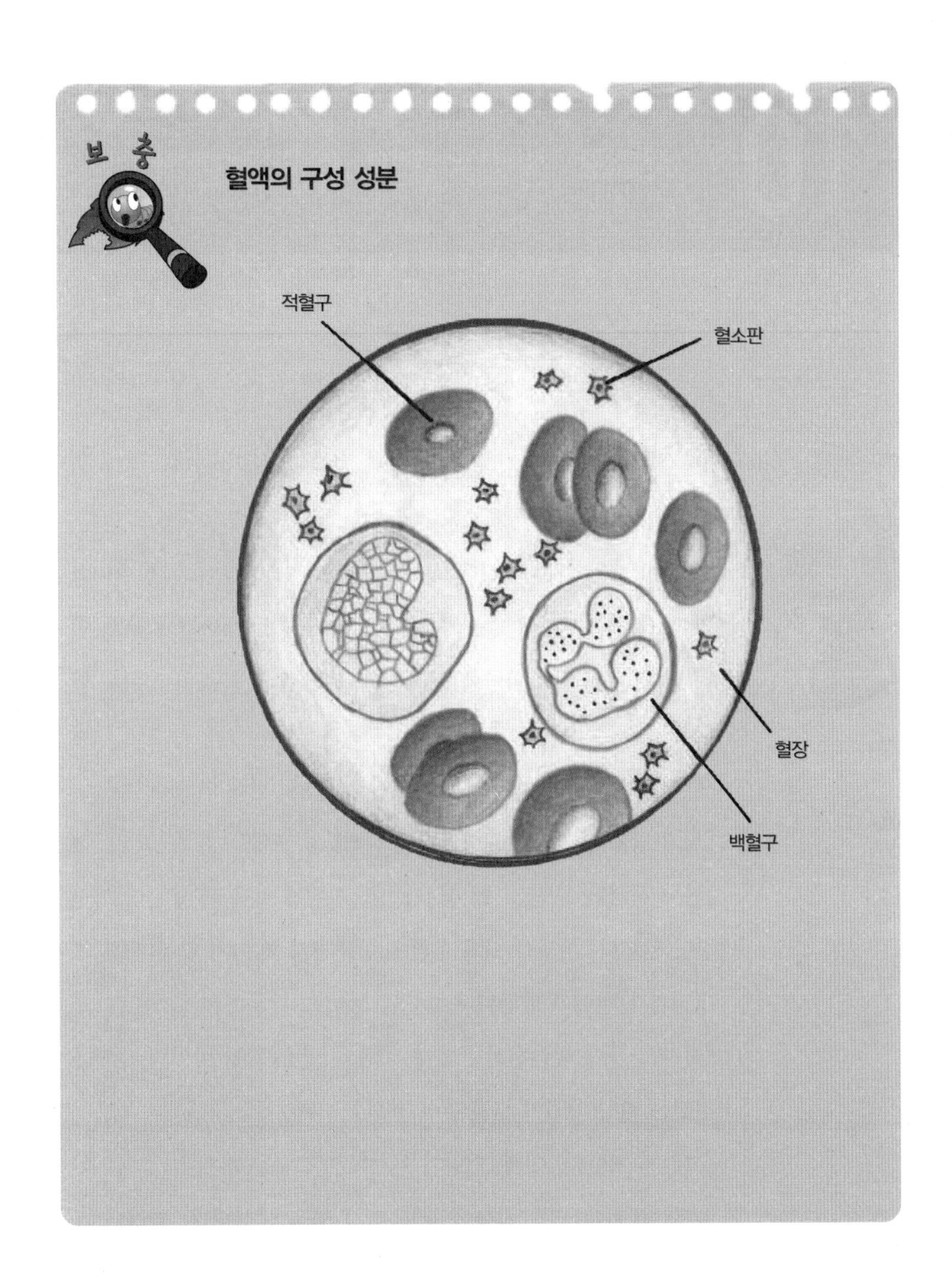
보 충
혈액의 구성 성분
적혈구
혈소판
혈장
백혈구

Section

10 아기의 성별은 엄마가 결정한다

한별이의 온 가족은 사극 보기에 열중하고 있습니다. 한별이와 은별이도 옛날 사람의 말투와 의상이 신기한 듯 재미있게 보고 있습니다. 열심히 보던 와중에, 은별이가 불만 섞인 목소리로 말을 합니다.

"옛날에는 남녀차별이 너무 심했던 것 같아! 맘에 안 들어!"

"뭐가 맘에 안 들어? 재미있기만 한데!"

"아니 사극을 보면, 시어머니가 며느리에게 아들 못 낳는다고 구박한단 말이야! 아들을 낳을지 딸을 낳을지가 왜 여자 탓이냐고!"

그러자 한별이가 말합니다.

"다 어른들이 말씀하시는 것엔 이유가 있을거야! 아기의 성별을 결정하는 게 엄마인가 보지 뭐~."

"그런게 어딨냐! 아빠, 엄마가 동시에 결정하는 거지!"

둘은 잘 지내는 듯 하다 오늘도 역시 싸움을 합니다. 빨리 답을 내려야 둘의 싸움이 끝날텐데…. 엄마, 아빠는 둘의 싸움을 보며 답답해 하십니다.

아기의 성별을 결정하는 것이 엄마라는 한별이의 말!
맞을까? 틀릴까?

정답 [X]

아기는 아빠의 염색체*와 엄마의 염색체를 절반씩 받게 됩니다. 그래서 아빠와 엄마가 동시에 아기의 성별을 결정한다고 생각할 수 있지만, 그것은 사실이 아닙니다. 사극에서 주로 나오듯, 엄마가 아기의 성별을 결정하는 것도 정답이 아닙니다. 아기의 성별은 오로지 아빠만이 결정해 줄 수 있습니다.

아빠(남자)의 성염색체*는 XY로 구성되고, 엄마(여자)의 성염색체는 XX로 구성됩니다. 그런데 아빠, 엄마가 만드는 정자와 난자에는 이러한 성염색체의 절반만 들어가게 됩니다. 즉, 아빠는 X 성염색체를 갖거나, Y 성염색체를 가진 두 종류의 정자를 만들 수 있습니다. 반면, 엄마는 성염색체가 XX이므로 그의 절반인 X 성염색체를 가진 난자만을 만들 수 있습니다. 이때 엄마의 X 난자에 아빠의 X 정자가 결합하게 되면 XX가 되어 아기는 딸이 됩니다. 그러나 엄마의 X 난자에 아빠의 Y 정자가 결합하게 되면 XY가 되어 아들이 되는 것입니다. 즉, 엄마는 X 난자만을 만들 수 있고, 이 난자에 아빠의 X 정자, Y 정자 중 어느 것이 결합되느냐에 따라 아기의 성별이 결정되는 것입니다. 물론 아빠의 의지와는 상관없는 일이지만, 유전학적으로 본다면 아기의 성별은 아빠가 결정하게 되는 것입니다.

Section

11 머리카락도 피부다

한별이는 샴푸 광고에서 머릿결을 찰랑거리며 미소짓는 예쁜 누나를 넋을 잃고 쳐다보고 있습니다. 한별이는 이 광고를 볼 때마다, 예쁜 누나가 자신의 이상형이라고 말하곤 합니다.

"와~. 머릿결이 어쩜 저렇게 좋을까? 피부도 너무 좋고…."

감탄사를 연발하고 있는 한별이를 보고 은별이는 심술을 부립니다.

"나도 머릿결이 저 정도는 된다고! 근데 머리카락이랑 피부랑 어떻게 같아? 저 광고에서 머리카락도 피부라고 말하는 건 순 거짓말이야! 그냥 광고는 광고일 뿐이라고!"

"너 괜히 부러우니깐 심술부리는 거지!"

한별이는 은별이가 예쁜 누나를 질투하여 하는 말이라 생각했습니다.

"뭐야! 내가 왜 심술을 부리냐! 사실은 사실인거지!"

"아냐! 저 예쁜 누나 말대로 머리카락도 피부가 맞아!"

둘의 싸움은 도대체 언제 끝날까요? 질투하는 은별이와 TV 속 예쁜 누나를 옹호하는 한별이의 싸움은 앞으로도 계속 될 듯합니다.

머리카락도 피부라는 한별이의 말! 맞을까? 틀릴까?

정답 [O]

머리카락도 피부 맞습니다. 우리가 보통 이야기하는 살결만 피부인 것이 아니라, 머리카락, 손톱, 발톱, 털 등도 피부입니다. 즉, 모습이 조금 변형된 피부라고 할 수 있습니다.

우리의 피부는 주로 단백질 성분으로 되어 있습니다. 그래서 좋은 피부와 건강한 머릿결을 위해서는 단백질이 들어간 음식을 충분히 섭취해야 합니다. 따라서 머리가 자주 빠진다거나, 손톱을 조금만 길러도 잘 부러지는 경우 단백질 부족을 의심해 봐야 합니다.

샴푸 광고의 경우, 단백질 성분을 강조하는 경우를 종종 볼 수 있습니다. 이것은 바로 머리카락의 주성분이 단백질이기 때문에 단백질 성분이 들어간 샴푸를 사용하면 머릿결이 좋아질 수 있다는 것을 광고하는 것입니다. 하지만 실제로 단백질 성분의 샴푸를 사용하는 것보다는 충분한 단백질의 섭취가 훨씬 효과적입니다. 그러므로 한창 성장할 시기에 있는 청소년 여러분들은 더욱더 충분한 영양 섭취를 하는 것이 좋습니다.

Section

12 선인장의 가시는 잎이다

한별이는 같은 반 짝꿍인 미선이로부터 선인장을 선물 받았습니다. 미선이는 시력이 굉장히 나쁜 친구입니다. 그런 미선이를 위해 한별이는 칠판 글씨를 친절하게 잘 불러주곤 합니다. 미선이는 그런 한별이가 너무도 고마워 평소에 아끼던 선인장 화분을 선물로 준 것입니다. 그 후로 한별이는 선인장 키우기에 재미를 붙였습니다. 게다가 더욱 잘 키우기 위해 선인장 키우는 방법까지 검색해 보기도 합니다. 이런 한별이가 신기한 듯 은별이가 말을 건넵니다.

"오빠! 선인장 키우는 거 재밌어?"

"당연하지! 잘 키워서 엄청 큰 화분으로 만들 거야!"

"근데 물은 안 줘?"

"바보야! 원래 선인장은 가끔씩 물을 주는 거야."

한별이는 선인장 박사가 된 듯 자신 있게 말을 합니다.

"오빠! 그런데 왜 선인장은 잎이 없을까?"

"잎이 없다니! 요 가시가 선인장에겐 잎이나 다름없어!"

한별이는 여전히 선인장 박사인양 당당하게 대답을 합니다. 정말 한별이는 선인장 박사가 다 된 것일까요?

선인장의 가시는 잎이라는 한별이의 말! 맞을까? 틀릴까?

정답 [O]

식물의 보통 잎과는 생김새가 다르지만, 선인장에게는 가시가 잎입니다.

이 세상의 모든 생명체는 생존을 위해 자신이 할 수 있는 최선의 노력을 다 합니다. 선인장도 마찬가지입니다. 열악한 환경에서도 쉽게 죽지 않기 위해 갖은 수를 동원합니다. 선인장이 건조한 환경에서 끈질긴 생명력을 유지할 수 있는 이유 중 하나가 바로 잎이 가시형태이기 때문입니다. 식물의 잎에는 '기공' 이라 불리는 구멍이 존재합니다. 이 구멍으로는 기체가 출입할 수 있습니다. 식물은 뿌리를 통해 빨아들인 물을 필요에 따라 수증기의 형태로 기공을 통해 내보내야 합니다. 하지만 이러한 작용을 너무 많이 하면, 가뜩이나 물을 구하기 어려운 환경에 놓여 있는 선인장은 물 부족으로 죽게 됩니다. 그래서 최대한 수분증발을 막을 수 있도록, 선인장은 넓적한 잎이 아닌 가느다란 가시로 잎의 형태를 변형시킨 것입니다.

선인장의 가시는 물 보존 외에도 또 다른 이유로 선인장의 생존에 중요한 영향을 미칩니다. 선인장처럼 건조한 환경에 사는 다른 동물들은 물을 구하기 위해 애를 씁니다. 그래서 그들은 물을 많이 가지고 있는 식물을 먹이로 삼을 때가 많습니다. 하지만 선인장은 가시가 많아 동물이 쉽게 먹지 못하기 때문에, 동물로부터 자신의 몸을 보호할 수 있는 수단이 되어주기도 합니다.

Section

13 세포는 자신의 역할에 따라 모양과 크기가 다르다

한별이와 은별이는 요즘 들어 부쩍 과학에 관심을 보입니다. 지난번에 생명체를 이루는 기본단위가 '세포' 임을 알고 무척 신기해하더니 요즘에는 세포에 관련된 책을 보는데 여념이 없습니다. 앞에서 알게 된 적혈구, 백혈구, 난자와 정자까지…. 한별이와 은별이에게 세포의 모양은 너무나 신기하기만 합니다. 서로 먼저 책을 보겠다며 싸우다 혼이 난 한별이와 은별이는 결국 나란히 앉아 책을 보고 있습니다.

"은별아! 세포의 모양 정말 신기하다. 그치?"

"응! 정자는 난자에 비해 엄청나게 작고, 꼬리까지 달렸어!"

"적혈구는 도넛처럼 생겼어."

"난자는 엄청나게 뚱뚱하다!"

"은별아! 적혈구, 백혈구, 난자, 정자, 신경세포는 모두 다 사람의 세포잖아? 그런데 왜 같은 사람의 세포인데도 모양과 크기가 다 다를까?"

"글쎄…. 아마도 각자의 역할이 다르기 때문이 아닐까?"

"역할이 다르기 때문이라고? 뭔가 다른 이유가 있진 않을까?"

◎ 세포는 각자의 역할이 다르기 때문에 모양과 크기가 다르다는 은별이의 말! 맞을까? 틀릴까?

정답 [○]

모든 생명체는 세포로 이루어져 있습니다. 그런데 똑같은 사람의 몸을 이루는 세포라 해도 그 모양과 크기는 천차만별입니다. 그 이유는 은별이의 말대로 각자의 역할이 다르기 때문입니다.

사람도 자신의 직업에 따라 입는 옷의 형태가 다릅니다. 예를 들어, 소방관은 불에 타지 않는 특수소재의 옷을 입고, 마라톤 선수는 기록을 단축시키기 위해 가벼운 옷과 신발을 신고 경기에 임합니다. 이와 마찬가지로 세포 역시 자신의 역할을 충실히 해내기 위해 자신의 모습을 변형시켜야만 합니다. 적혈구는 호흡을 통해 흡수한 산소를 몸의 구석구석으로 운반해야 하는 막중한 임무를 가진 세포입니다. 적혈구는 산소를 자신의 몸에 잘 붙여서 데려가기 위해 산소가 붙을 수 있는 공간을 마련해야 합니다. 그것이 바로 적혈구의 몸에 살짝 파여 있는 부분입니다. 그래서 적혈구는 겉보기에 도넛 형태로 보이는 것입니다. 또한 난자와 정자의 모습에도 이유가 있습니다. 난자와 정자가 결합하여 아기가 만들어질 때, 정자가 난자에게로 이동해 옵니다. 정자는 난자에게 빠른 시간 내에 이동해 오기 위해 몸의 크기를 줄이고 꼬리를 갖고 있습니다. 또한 난자는 아기가 발생하는 동안 필요한 양분을 몸에 저장해야 하기에 몸집이 크고 뚱뚱한 것입니다.

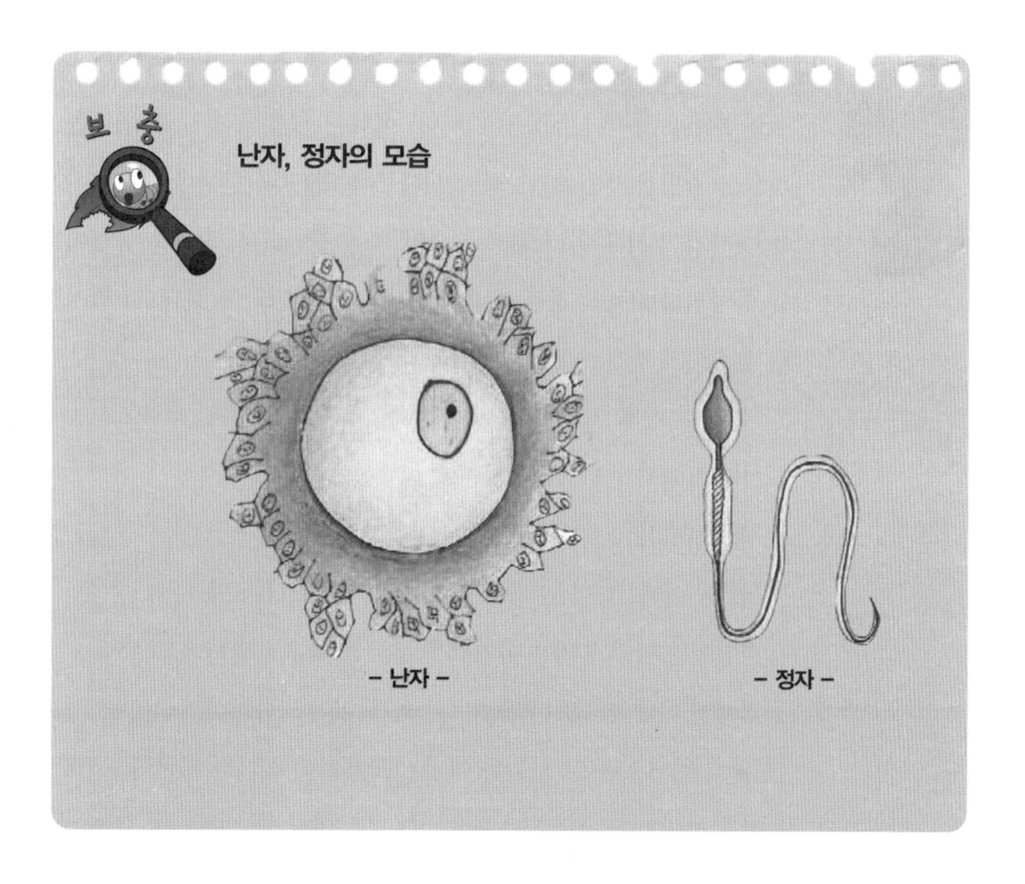

Section

14 멀미를 하는 것은 차를 타면 소화가 잘 안되기 때문이다

한별이네 가족이 소풍을 갑니다. 아빠는 짐을 꾸리시고, 엄마는 맛있는 김밥을 만들고…. 정말 신나는 날입니다. 한별이와 은별이는 옷까지 멋지게 차려 입고 드디어 차에 탔습니다. 즐거운 물놀이를 상상하며 가는 소풍길이 왠지 순탄치만은 않을 듯 한데요? 역시나 한별이가 갑작스레 난리법석을 부립니다.

"으악~. 아빠 저 좀 잠깐 내려주세요!"

아빠는 깜짝 놀라, 차를 갓길에 세우셨습니다.

"왜 그러니?"

"엄마! 아빠! 속이 안 좋아요! 토할 것 같아요! 우웩~."

한별이는 맛있게 먹은 아침밥을 결국 토해내고 맙니다.

옆에서 이를 지켜보던 은별이가 화를 내며 말합니다.

"역시 한별오빠야! 오늘은 어쩐지 조용하다 싶더니 결국 일을 내는군!"

"뭐야! 너 말 다 했어! 멀미가 맘대로 조절이 되냐고!"

한별이는 억울하다는 듯이 속을 쓸어가며, 말을 잇습니다.

" 엄마! 아침밥을 조금만 먹을 걸 그랬나봐요! 차를 타면 소화가 잘 안되니깐 이렇게 토하고 멀미를 하게 되는 거에요!"

"차를 타면 소화가 안 된다고? 나는 잘만 되는데! 오빠가 즐거운 소풍길을 다 망쳤어! 책임져!"

멀미를 하는 것은 차를 타면 소화가 잘 안되기 때문이라는 한별이의 말! 맞을까? 틀릴까?

정답 [X]

멀미와 음식의 소화는 큰 관련이 없습니다. 멀미를 하는 것은 우리의 귓속의 특정 기관과 관련된 현상입니다. 우리의 귓속 깊은 곳에는 '전정기관'과 '반고리관'이라는 것이 들어 있습니다. 이들은 귓속에 들어있지만 소리를 느끼는 것과 관련없이, 우리 몸의 평형을 유지해 주는 역할을 합니다. 즉, 전정기관은 우리 몸의 기울어짐을 감각하고, 반고리관은 회전을 감각하여 우리 몸이 균형 있게 서 있거나, 움직일 수 있게 만들어줍니다. 그런데, 이러한 전정기관과 반고리관의 정보가 시각 정보와 맞지 않을 때 우리는 멀미를 하게 됩니다. 평소에 멀미를 잘 하지 않는 사람도 차를 타고 가면서 책을 보면 멀미를 하는 경우가 있습니다. 이것은 전정기관과 반고리관이 감지한 차의 움직임과 눈이 감지한 시각 정보가 맞지 않기 때문입니다.

멀미를 예방할 수 있는 방법은 무엇일까요?

멀미를 예방하려면 앞에서 설명한 대로, 시각과 전정기관, 반고리관의 균형을 맞추면 됩니다. 즉, 눈의 정보를 한 곳에 고정시키지 말고 멀리 보거나 차의 움직임에 맞게 변화시키는 것이 도움이 됩니다.

Section
15 위는 늘어날 수 있다

한별이는 저녁 먹은 지 얼마 지나지 않아 또 다시 냉장고를 뒤적거립니다. 결국 과일과 빵, 아이스크림까지 꺼내와 먹고 있는 중입니다. 한참 다이어트 중인 은별이는 한별이의 이런 행동이 못마땅하기만 합니다.

"오빠! 왜 자꾸 그리 많이 먹는거야?"

"너 다이어트 하느라 못 먹는다고 나까지 못 먹어야 하냐? 냠냠~. 맛있다!"

한별이는 더욱더 은별이를 약 올립니다.

"으휴~. 역시 오빠는 도움이 안 된다니깐! 배 속에 거지가 든 게 분명해."

"나는 위가 커서 많이 먹어도 끄떡없어!"

"위는 늘어난다고 들었어. 지금 오빠의 위는 오빠의 식성 때문에 늘어나기에 바쁠 거야!"

"늘어나는 게 어딨냐? 사람마다 생김새가 다르듯이 위의 크기도 다를거야~! 그러니까 나는 위가 다른 사람보다 몇 배는 더 큰 거라고!"

은별이는 며칠 째 먹고 싶은 음식도 참아가며 다이어트를 하는 중입니다. 이런 자신 앞에서 위가 크다고 자랑을 하는 한별이가 오늘은 평소보다도 훨씬 더 얄밉게 느껴집니다. 과연 한별이의 약올림을 극복하며 은별이는 다이어트에 성공할 수 있을까요?

위가 늘어난다는 은별이의 말! 맞을까? 틀릴까?

정답 [O]

물론 한별이의 이야기처럼 사람마다 위의 크기는 약간씩 차이가 있을 것입니다. 그렇지만, 쇠고기 10인분을 너끈히 먹는 거구의 씨름선수가 보통 사람보다 10배나 더 큰 위를 가지고 있지는 않습니다. 식성 좋은 사람의 위가 많은 음식물이 들어와도 견딜 수 있는 이유는 바로 위가 늘어날 수 있기 때문입니다.

우리의 위는 굉장히 탄력성이 높은 근육으로 되어 있습니다. 그래서 약 2~3리터까지 확장 될 수 있습니다. 이것은 식성이 좋은 사람에게만 좋은 점이 아니라, 우리 모두에게 고마운 현상입니다. 만약 위가 늘어날 수 없다면 우리는 하루 종일 계속해서 음식을 먹어야 할 것이기 때문입니다. 다행히도, 우리는 세끼에 먹는 식사량을 보관할 수 있는 거대한 위를 가진 덕분에 계속 먹지 않아도 견딜 수 있는 것입니다.

위가 단백질로 되어 있음에도 소화되지 않는 이유는 무엇일까요?

위에서는 우리가 먹은 음식물 중 단백질이 소화됩니다. 위에서는 단백질을 소화시키는 효소인 '펩신'이 분비되기 때문입니다. 그런데, 우리의 위 또한 단백질로 이루어져 있어 펩신에 의해 분해될 수 있습니다. 만약 우리의 위가 펩신에 의해 분해되어 버리고 만다면 큰일이겠지요? 하지만 다행히도 위는 펩신에 의해 분해되지 않습니다. 그 이유는 위에서 분비되는 '뮤신'이라는 물질이 위가 펩신에 의해 분해되지 않도록 보호해주기 때문입니다.

Section

16 남자에게는 남성호르몬, 여자에게는 여성호르몬만이 분비된다

요즘 들어 한별이는 외모에 관심이 많아졌습니다. 학교에 가려고 준비하는 시간도 길어지고, 거울을 보는 횟수도 무척이나 늘어났습니다. 몸과 마음의 변화가 큰 것으로 보아 사춘기임에 틀림없습니다. 부쩍 성숙해진 한별이를 보고 아빠가 말씀하십니다.

"우리 한별이! 이제 아빠보다 힘도 세지고, 목소리도 제법 남자답게 변했구나."

"아무래도 요즘엔 제 몸에서 남성호르몬이 많이 분비되고 있나봐요~. 앞으로 운동도 더 많이 해서 근육맨이 될거에요. 크크크."

한별이는 남자다워졌다는 아빠의 말씀에 어깨에 힘이 들어갑니다. 그러다 오늘도 역시나 은별이에게 약 올리는 한 마디를 던집니다.

"은별아! 너도 나처럼 남성호르몬이 분비되나 보다~. 다리에 털이 엄청 많은 걸 보면! 푸하하하!"

"뭐야! 말 다했어?"

은별이는 화가 치밀어 올라 보던 책을 한별이에게 던지고 맙니다.

"오빠는 나 놀릴 시간 있으면 과학 공부나 더 해! 남자에게는 남성호르몬! 여자에게는 여성호르몬이 분비되는 거라고!"

"무슨 소리! 너의 외모나 성격을 봐서는 여자에게도 남성호르몬이 분비되는 게 확실하다고! 푸하하!"

좀 더 성숙해지면 한별이의 짓궂은 장난도 끝이 날까요? 오늘도 역시 한별이네 집은 둘의 싸움으로 정신이 없습니다.

남자에게는 남성호르몬, 여자에게는 여성호르몬만이 분비된다는 은별이의 말! 맞을까? 틀릴까?

정답 [X]

보통 남자에게는 남성호르몬*만, 여자에게는 여성호르몬*만 분비된다고 생각합니다. 하지만 남자에게도 여성호르몬이 분비되며, 여자에게도 남성호르몬이 분비됩니다. 다만, 양의 차이가 있을 뿐입니다.

즉, 남자와 여자 모두에게는 남성, 여성 호르몬 모두가 분비됩니다. 하지만 남자의 몸에서는 여성호르몬보다 남성호르몬의 양이, 여자의 몸에서는 남성호르몬보다 여성호르몬의 양이 훨씬 더 많이 분비됩니다.

남성호르몬 정자의 생성을 촉진하고, 목소리의 변화와 수염 등의 남성의 2차 성징이 나타나게 하는 호르몬

여성호르몬 난자의 성숙과 골반과 가슴 발달 등의 여성의 2차 성징이 나타나게 하는 호르몬

Section

17 모기는 사람의 냄새를 느끼고 모여 든다

"으아악! 도저히 못 자겠다."

간만에 일찍 잠들었다 했더니 그 사이를 못 참고 방에서 나오는 한별이.

"엄마! 제 방에서 도저히 못 자겠어요!"

"왜 그러니?"

"창문을 열어 놓았더니 모기가 들어와서 자꾸 헌혈하게 만든단 말이에요!"

"뭐? 헌혈? 푸훗."

엄마는 한별이의 재치 있는 말에 웃음을 짓습니다.

"엄마! 전 심각하다고요! 다리가 온통 상처투성이가 됐어요."

엄마는 난리법석인 한별이를 위해 방에 모기향을 피워 주셨습니다. 옆에서 지켜보던 은별이가 그냥 넘어갈 리가 없습니다.

"으이구~. 오빠! 좀 씻고 자! 안 씻으니깐 모기가 더 달라붙지!"

"뭐야! 안 씻는 거랑 모기 물리는 거랑 무슨 상관이야!"

"상관있어! 내가 알기론 모기는 사람 냄새를 느낀대! 그래서 땀 냄새가 나면 더 잘 알고 모여드는 거라고!"

"쳇! 모기가 사람인 줄 알아? 냄새를 느끼게?"

모기가 사람 냄새를 느끼고 모여 든다는 은별이의 말! 맞을까? 틀릴까?

정답 [O]

모기는 이산화탄소를 감지하고 반응을 보이는 매우 민감한 감각기관을 가지고 있습니다. 즉, 사람은 호흡을 통해 이산화탄소를 내뿜게 되는데, 모기는 이에 민감하게 반응하는 것입니다. 그 외에도 사람의 땀 냄새, 향수, 화장품 냄새 등에도 민감하게 반응합니다. 따라서 모기는 빛이 없는 어두운 곳에서도 사람의 존재를 알고 몰려드는 것입니다.

모기에 물리면 왜 가려울까요?

모기에 물리게 되면 우리 몸에서 '히스타민'이라는 물질이 분비되는데, 이로 인해 가려움증이 유발됩니다.

모기가 우리의 피부를 물게 되면, 피부 밖으로 피가 새어 나옵니다. 사람의 피는 보통 몸 밖으로 나오면 혈소판에 의해 응고되지만, 모기의 타액에는 응고를 방해하는 성분이 들어있습니다. 즉, 극히 적은 양이기는 하지만 모세혈관에 이물질이 들어오는 것입니다. 따라서 몸에서는 이물질의 침입에 저항하기 위해 히스타민이라는 물질을 분비하게 되고, 이로 인해 가려워지는 것입니다.

Section

18 식물은 평생 자랄 수 있다

한별이는 요즘 키에 매우 민감합니다. 최근에 친구들에게 은별이보다 키가 작아 동생같다는 말을 들었기 때문입니다. 그 후에는 키에 대한 이야기만 나오면 화를 먼저 내니 충격이 컸긴 컸나봅니다. 한별이는 키가 빨리 자랐으면 하는 마음에 아빠에게 질문을 던집니다.

"아빠! 아빠는 언제 키가 많이 컸어요?"

"아빠는 중 · 고등학교 때 20cm 이상 컸단다! 그러니 벌써부터 키 걱정을 할 건 없어~."

"그럼 언제까지 자랐어요?"

"응! 21살 정도까지는 조금씩 계속 자랐지! 그리고 남자는 초등학교 땐 여학생들보다 작은 경우가 많지만, 나중에는 훨씬 더 많이 자라니 미리부터 걱정하지 않아도 된단다!"

아빠는 조급해 하는 한별이에게 차근차근 말씀하십니다.

"그런데 아빠! 왜 사람은 식물처럼 평생 자랄 수가 없는 거죠? 저는 평생 계속 자라서 아주 키가 큰 사람이 되고 싶다구요!"

이 말을 들은 은별이가 말합니다.

"그럼 키가 도대체 몇이 될려고! 거인이 되고 싶은거야? 그리고 평생 자라는 게 어딨어~. 식물도 어른이 되면 그만 자라겠지!"

식물은 평생 자란다는 한별이의 말! 맞을까? 틀릴까?

정답 [O]

한별이의 말대로 식물은 동물과는 달리 평생 자랄 수 있습니다.

식물과 동물의 생장에는 몇 가지 차이점이 있습니다. 우선, 식물은 평생 자라지만, 동물은 어느 시기에만 생장이 일어납니다. 그래서 사람의 경우를 살펴보면, 생장호르몬이 많이 분비되는 사춘기에 많이 자라고, 약 20세를 전후로 생장이 멈추게 되는 것입니다. 또 하나의 차이점은, 동물은 몸 전체가 자라지만, 식물은 특정부위만 자란다는 것입니다. 식물의 생장이 일어나는 특정부위는 형성층* 과 생장점* 두 곳입니다.

형성층 식물의 부피 생장이 일어나는 곳으로 쌍떡잎 식물에서 볼 수 있음.

생장점 뿌리 끝에 있는 부분으로 길이 생장이 일어나는 곳

Section
19 화가 난 상태에서 음식을 먹으면 소화가 잘 되지 않는다

"아이고 분해! 열 받아!"

한별이는 가방을 내던지며, 집으로 들어옵니다. 아무래도 학교에서 무척 화가 난 일이 있었던 모양입니다. 엄마와 은별이는 놀라서 한별이에게 다가갑니다.

"한별아! 학교에서 무슨 일이 있었니? 왜 그러니?"

"우씨…. 오늘 학교에서 철수랑 치고받고 싸웠어! 근데 내가 더 많이 맞았다고!"

"철수오빠가 힘이 더 센가! 왜 오빠가 더 많이 맞은거야?"

"너 안 그래도 열 받는데 더 약 올릴래! 그게 아니라 내가 맞고 나서 때릴려고 하는 찰나에 선생님이 오셔서 더 이상 싸울 수가 없었어! 아이고 분해!"

한별이는 무척이나 억울한 모양인지 땅을 치고 있습니다. 그러다 한별이는 무슨 결심이나 한 듯 엄마에게 말합니다.

"엄마! 밥 주세요! 열 받으니깐 밥이나 실컷 먹어야겠어요!"

"안돼! 오빠! 급하게 먹지마! 화 났을 때 음식을 먹으면 소화가 잘 안된단 말이야."

"웃기지마! 이럴 때 일수록 밥을 많이 먹어야 힘이 솟는다고! 엄마 빨리 밥 주세요."

"아냐! 나도 지난번에 영희랑 싸워서 열 받는 바람에 집에 와서 엄청 먹었더니, 오히려 소화가 안돼서 기분이 더 안 좋아졌었다고!"

화난 상태에서 음식을 먹으면 소화가 안 된다는 은별이의 말! 맞을까? 틀릴까?

정답 [O]

화가 났거나 스트레스를 받은 상황에서는 소화가 잘 되지 않습니다.

옛 말에 '밥은 굶어도 속이 편해야 산다.' 라는 말이 있습니다. 속이 편해야 한다는 말에는 우리의 소화기관인 '위' 가 신경과 깊은 관련을 가지고 있다는 뜻을 담고 있습니다. 그래서 실제로 대부분의 위장병은 신경성이라고 합니다.

우리 몸의 신경에는 크게 두 종류가 있습니다. 그것은 '교감신경'과 '부교감 신경'입니다. 교감신경이란 우리가 스트레스를 받았거나, 긴장했을 때 우리 몸을 보호하기 위해 작동하는 신경입니다. 이것이 작동하게 되면 심장박동과 호흡은 증가하지만, 소화기능은 억제됩니다. 반면 부교감신경은 우리의 몸이 안정되고 휴식을 취하고 있을 때 작용하는 신경입니다. 이것이 작동하게 되면 소화가 잘 일어날 수 있습니다. 따라서 한별이의 경우처럼 화난 상태로 음식을 먹게 되면 교감신경의 작동으로 소화가 잘 일어날 수 없을 것입니다. 그러므로 언제나 즐겁고 밝은 마음으로 식사를 하는 것이 건강에 좋습니다.

Section

20 자고 있을 때는 에너지가 소비되지 않는다

다이어트를 시작한지 한 달째 접어든 은별이는 자기가 먹고 싶어 하는 음식을 약 올리며 먹는 오빠 한별이, 그리고 땀을 뻘뻘 흘려가며 해야 하는 요가동작도 극복하기 힘든 것이 사실입니다. 하지만, S라인이 될 그날을 상상하며, 오늘도 굳은 다짐을 해 봅니다. 그렇지만, 다짐에 다짐을 또 해봐도 라면을 먹고 싶은 간절한 마음이 머리를 스쳐 지나갑니다. 역시나 오늘도 도움이 안 되는 한별이가 TV를 보며 맛나게 라면을 먹고 있는 게 아니겠습니까.

"오빠! 역시 오빠는 도움이 안 된다니깐! 왜 내 앞에서 라면을 먹는 거야?"

"와~. 맛나다. 크크크."

"다이어트 하는 사람들이 먹고 싶은 음식 1위가 라면이라고! 알기나 해?"

은별이는 울먹이며 말을 하지만, 한별이는 아랑곳하지 않고 더욱

더 맛있게 라면을 먹습니다.

"으이구~. 난 잠이나 자야지. 자고 있으면 약 올리는 오빠 모습도 안 볼 수 있고, 에너지 소비도 안 되니깐 배가 덜 고플거야. 흑흑."

"이 바보야~. 잘 때는 에너지 소비가 없다고? 죽은 것도 아닌데 어떻게 에너지 소비가 없겠니?"

"아냐! 잘 때는 움직임이 거의 없으니까 에너지가 쓰이지 않을거야!"

자고 있을 때는 에너지가 소비되지 않는다는 은별이의 말! 맞을까? 틀릴까?

가만히 자고 있는 중에도 우리 몸에서는 에너지가 소비됩니다.

우리가 쓰는 에너지에는 크게 두 종류가 있습니다. 하나는 '기초 대사량'이고, 다른 하나는 '운동 대사량'입니다. 기초 대사량이란 생명활동을 유지하기 위해 필요한 최소한의 에너지로, 심장박동, 호흡, 체온유지 등에 필요한 에너지를 의미합니다. 또한 운동 대사량이란, 우리가 걷고, 뛰는 등 몸을 움직일 때 필요한 에너지를 의미합니다. 따라서 자는 중이라고 할지라도 기본적인 생명을 유지하기 위해서는 당연히 에너지 소비가 일어납니다.

우리에게 기초 대사량과 운동 대사량 중 무엇이 더 많이 필요할까요?

그것은 기초 대사량입니다. 운동할 때 훨씬 더 많은 양의 에너지가 필요할 것 같지만 실제로는 우리가 하루에 소모하는 총 에너지 중 기초 대사량이 60~70%를 차지합니다.

그러나 체중 조절을 위해 무리하게 다이어트를 하게 되면 우리 몸은 에너지를 최대한 아껴쓰기 위해 기초 대사량을 낮추게 됩니다. 따라서, 장기적으로 보면 건강유지에 역효과를 주므로 적절한 체중 조절이 필요합니다.

Section

21 뚱뚱한 사람은 땀을 더 많이 흘린다

한별이와 은별이는 32번 버스를 타고 학교에 다닙니다. 그런데 오늘은 무슨 일인지 20분을 넘게 기다려도 버스가 오지 않습니다. 지각을 하면 어쩌나 걱정을 하고 있는데, 드디어 버스 도착! 하지만 버스 안에는 사람이 잔뜩 있어 과연 탈 수 있을지 걱정입니다. 가까스로 몸을 밀어 넣은 한별이와 은별이. 다행히도 지각은 하지 않을 듯 한데…. 사람이 너무 많아 이리 부딪히고 저리 부딪히고, 자꾸만 옆에 뚱보 아줌마에게 안기게 되는 한별이는 난처하기만 합니다. 그런데 같은 버스 속에 있는 건데, 왜 아줌마만 땀을 뻘뻘 흘리고서 계신 것인지 너무나 궁금했습니다.

겨우 타고 온 버스에서 내려 학교로 향하는 둘은 이제야 살 것 같습니다.

"은별아! 근데 내 옆에 있는 뚱뚱한 아줌마 봤어?"

"응! 오빠가 자꾸만 안기던 그 아줌마? 크크크."

"응! 근데 우리는 별로 땀이 안 나는데 왜 그 아줌마는 그렇게 땀을 삘삘 흘리는 거지?"

"뚱뚱한 사람은 원래 땀을 더 많이 흘려. 지방이 많아서 그럴거야.",

"아줌마가 서 있던 자리는 더 더웠을까? 궁금하다."

"오빠! 그건 나중에 궁금해 하고~. 일단 뛰자! 이러다 지각하겠어!"

호기심을 해결하지 못한 한별이는 학교에 가자마자 선생님께 여쭤보기로 결심합니다.

뚱뚱한 사람은 땀을 더 많이 흘린다는 은별이의 말! 맞을까? 틀릴까?

정답 [O]

뚱뚱한 사람은 보통 사람보다 대개 땀을 많이 흘립니다. 사람은 체온을 약 36.5℃로 유지해야 하는 항온동물입니다. 그래서 체온이 너무 높아지면 그 열을 식히기 위해, 또 체온이 너무 낮아지면 열을 발생하기 위해 조절작용이 일어나게 됩니다. 그 중 땀은 체온이 높아졌을 때 이를 조절하기 위해 흘러나오는 것으로, 땀이 증발할 때 몸의 열을 함께 가져가므로 체온은 낮아지게 됩니다. 그런데 뚱뚱한 사람의 경우에는 보통 사람보다 외부환경(이 경우, 더운 날씨)과 접하는 몸의 면적이 더 넓습니다. 그러므로 더욱 더위를 잘 느끼게 됩니다. 또한 뚱뚱한 사람의 몸에는 지방이 많은데, 지방은 보온작용을 하여 열이 빠져나가는 것을 막는 효과를 냅니다. 이러한 두 가지 이유로 뚱뚱한 사람은 열을 내보내기 위해 더 많은 땀을 흘리는 것입니다.

추울 때는 어떤 일이 일어날까요?

체온이 정상보다 낮아지면 피부에 소름이 돋게 됩니다. 이것은 털구멍을 좁혀 열이 빠져 나가는 것을 막아주는 작용을 합니다. 또한 몸을 부르르 떠는 작용을 하기도 하는데, 이것 역시 빠르게 몸의 근육을 움직여 열을 보충하기 위한 몸의 조절 작용입니다.

Section

22 매운 맛은 피부에서 느낀다

한별이네 가족 모두가 분주한 날입니다. 겨울 동안 먹을 김장을 담그는 날이기 때문입니다. 아빠는 배추와 무거운 김치통을 나르시고, 평소에 김치를 좋아하지 않는 은별이도 오늘만은 엄마를 도와 이것저것 심부름하기에 바쁩니다. 그러나 한별이는 오늘도 역시 도와주는 시늉을 하긴 하지만 김치 맛보기에만 정신이 없어 보입니다.

"암~. 맛있다! 엄마 하나 더 주세요."

이건 도와 주는 건지 마는 건지 한별이의 행동이 못마땅한 은별이가 말합니다.

"맛은 그만 봐! 맛보다가 다 먹겠다!"

"무슨 소리! 내가 누군지 몰라? 나는 절대 미각의 소유자라고!"

"절대 미각?!"

"응! 내가 맛을 봐주고 평가를 해 줘야 우리 집 김치가 맛있어지는 거야!"

자신이 장금이라도 되는 양 절대 미각이라고 으쓱대는 한별이의 행동에 온 가족은 웃음을 짓게 됩니다. 그러던 중 엄마를 도와 김치를 버무리고 있던 은별이의 표정이 좋지 않아 지기 시작합니다.

"아~. 손이 쓰라려."

"손이 갑자기 왜 쓰라려? 넌 손으로 김치 맛을 봤냐?"

"고춧가루의 매운 맛을 피부가 느끼기 때문일거야."

"피부가 혀냐? 맛을 느끼게? 맛은 이 혀가 느낀다는 기본상식도 몰라? 역시 절대 미각인 내가 한 수 가르쳐 줘야겠군!"

매운 맛을 피부가 느낀다는 은별이의 말! 맞을까? 틀릴까?

정답 [O]

우리는 일반적으로 맛은 혀가 느낀다고 알고 있고, 이것을 '미각'이라고 부릅니다. 하지만 매운 맛은 엄밀히 이야기하면, 혀가 느끼는 미각이 아니라 우리의 피부가 느끼는 '피부 감각'입니다.

우리의 혀를 살펴보면, 올록볼록하게 튀어나와 있는 '유두'라는 것이 있고, 그 속에는 '미뢰'가 있습니다. 미뢰에는 음식물의 맛을 느끼는 미세포가 들어있기 때문에, 우리는 섭취한 음식물의 맛을 느낄 수 있습니다. 그런데 우리의 혀는 기본적으로 짠맛, 신맛, 쓴맛, 단맛의 4가지 맛을 느낄 수 있습니다. 그 외의 매운 맛은 혀가 느끼는 맛이 아니라, 혀를 이루고 있는 피부에서 느껴지는 아픈 느낌입니다.

단맛이 나는 사탕을 손에 가져다 대어 보면 아무 느낌도 나지 않습니다. 이것은 사탕의 단맛은 피부가 아닌 혀의 미세포가 느끼는 미각이기 때문입니다. 그러나, 매운 고추를 손에 가져다 대고 비벼

보면, 손이 쓰라리고 후끈거리는 것을 느낄 수 있습니다. 맵다는 것은 혀의 미세포가 아닌 혀를 이루는 피부가 느끼는 아픈 느낌이기 때문입니다.

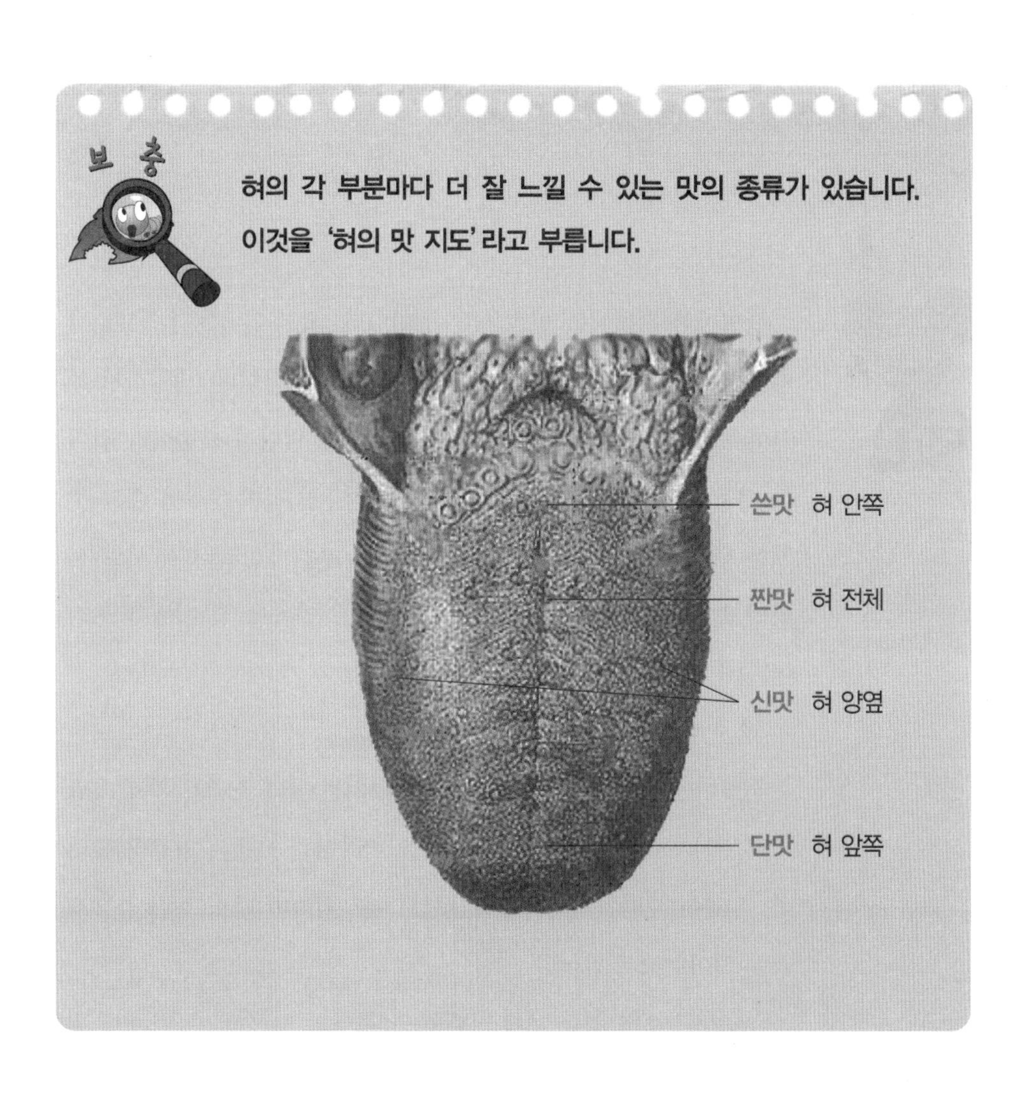

혀의 각 부분마다 더 잘 느낄 수 있는 맛의 종류가 있습니다. 이것을 '혀의 맛 지도'라고 부릅니다.

Section

23 우리 몸에 혈액이 도는 것은 산소와 영양소를 운반하기 위해서다

한별이와 은별이는 벌을 서는 중입니다. 서로 원하는 TV 프로그램을 시청하겠다며 한바탕 싸움을 벌였기 때문입니다. 내일까지 해가야 하는 수행평가 과제는 하지도 않은 채 벌어진 싸움이라 엄마는 더욱 화가 나신 듯합니다. 엄마가 내려주신 벌이 무릎을 꿇고 무거운 백과사전을 들고 있는 것이라 둘은 후회막심입니다. 서로 사과하고, 수행평가 과제를 열심히 하겠다고 약속을 한 뒤에야 드디어 벌에서 해방되었습니다.

"휴~. 살았다! 아악~."

한별이는 꿇었던 무릎을 펴고 일어나려는 찰나 소리를 지르고 맙니다. 한 자세로 오래 있다 갑자기 일어나려니 고통이 따르나 봅니다. 은별이도 마찬가지라, 둘은 서로 괴로워하며 다소 웃긴 자세로 겨우 일어나고야 맙니다.

"푸하하! 오빠 지금 자세 진짜 웃긴다!"

“너도 마찬가지! 역시 피가 안 통하면 몸이 굳어버려서 혈액순환이 필요한거야~.”

“아냐~. 혈액이 순환해야 하는 이유는 몸이 굳어버려서가 아니라 몸에 산소와 영양소를 운반하기 위해서라고 알고 있어!”

“너도 경험했잖아 지금! 혈액이 돌지 않으면 몸이 굳어버리니깐 항상 순환하고 있는 거야! 제대로 알라고!”

은별이와 한별이는 방금까지 벌을 받고 있었다는 사실을 잊어버린 듯, 또다시 싸움을 시작했습니다.

◎ 우리 몸에 혈액이 도는 이유는 산소와 영양소를 운반하기 위해서라는 은별이의 말! 맞을까? 틀릴까?

정답 [O]

우리는 몸에 혈액이 돌지 않으면 살 수 없습니다. 혈액은 우리의 생명 유지를 위한 여러 가지 중요한 역할을 담당하기 때문입니다. 그 중 하나가 물질을 운반하는 역할입니다. 우리 몸의 세포가 모여 만들어진 각각의 조직들은 생명을 이어가기 위해서 산소와 영양분을 필요로 합니다. 또한 산소와 영양분을 이용하고 나서 생기는 불필요한 이산화탄소와 노폐물은 버려야 합니다. 그래서 움직임이 자유로운 혈액은 조직들에게 필요한 물질은 제공하고 불필요한 물질은 버려주는 것을 담당합니다. 이것이 바로 혈액이 우리의 온 몸을 도는 혈액 순환 과정입니다.

혈액이 몸을 순환하면서 세포에 산소와 영양분을 운반한다고 배웠습니다. 그뿐만 아니라 혈액이 순환함으로 인해 세포에서 생겨난 불필요한 노폐물과 이산화탄소가 제거됩니다. 따라서 건강을 유지하기 위해서는 원활한 혈액순환이 필수적입니다.

Section

24 식물은 밤에만 호흡한다

한별이네 집에도 웰빙 열풍이 불고 있습니다. 온 가족이 이제부터 건강을 잘 챙기기로 결심했기 때문입니다. 아빠는 그동안 피워왔던 담배를 끊기로 하셨고, 엄마는 그동안 늘어난 뱃살을 빼기로 결심하셨습니다. 더불어 은별이도 그동안 해왔던 다이어트에 꼭 성공하겠다는 굳은 의지를 갖고 있습니다. 그래서 은별이는 엄마와 함께 매일 훌라후프 돌리기와 줄넘기를 규칙적으로 하고 있습니다.

"한별아! 엄마랑 은별이랑 같이 운동하러 나가자!"

엄마가 운동하기 싫어하는 한별이를 설득하십니다.

"난 안해도 괜찮아~. 난 안해도 워낙에 건강체질에 몸짱이라고!"

"그러니깐 유지되도록 더 관리를 해줘야 하는 거란다~."

"나 지금 운동 중이야!"

한별이의 대답에 어이가 없어진 은별이가 묻습니다.

"지금 무슨 운동을 하고 있다는 거야?"

"숨쉬기 운동 중이라고! 우리 몸에 필요한 산소를 흡수하기 위해 밤낮 가리지 않고 숨쉬기 운동을 열심히 해 줘야 하거든!"

"숨쉬기 운동은 누구나 하는 거잖아. 오빠는 저 화분이랑 똑같아. 가만히 있으면서 숨쉬기만 하는 거네 뭐~."

"무슨 소리! 난 저 화분보단 한 수 위라고! 쟤는 낮엔 광합성을 하니깐 밤에만 호흡운동을 하는 거고, 난 밤낮 가리지 않고 열심히 호흡운동을 하고 있으니 차원이 다르지!"

한별이의 말도 안 되는 우기기에 엄마와 은별이는 황당함을 감추지 못합니다.

식물은 밤에만 호흡한다는 한별이의 말! 맞을까? 틀릴까?

정답 [X]

식물은 햇빛이 있는 낮에는 광합성을 하기 때문에 호흡은 밤에만 한다는 것으로 잘못 생각하는 경우가 많습니다. 하지만 식물도 우리처럼 밤낮에 관계없이 모두 호흡을 하고 있습니다.

호흡에는 크게 두 종류가 있습니다. 우리가 일반적으로 호흡이라고 생각하는 것은, 호흡기를 통해 산소를 받아들이고 이산화탄소를 내뱉는 것입니다. 이것은 '외호흡' 이라고 부릅니다. 이렇게 외호흡을 통해 받아들인 산소는 혈액을 따라 몸의 곳곳에 운반되어 우리 생활에 필요한 에너지를 발생하는데 사용됩니다. 이것을 '내호흡' 이라고 합니다.

즉, 우리가 항시 호흡을 해야 하는 이유는 외호흡을 통해 흡수한 산소를 생활에 필요한 에너지를 내기 위해 사용해야 하기 때문입니다. 식물도 생명체이므로 우리처럼 항상 살아가는데 필요한 에너지가 요구되므로, 우리와 마찬가지로 밤낮 모두 호흡을 하는 것입니다.

앞에서 정리한 대로, 식물도 동물처럼 밤낮에 관계없이 호흡을 합니다. 그러나 호흡량에는 분명한 차이가 있습니다. 식물은 동물에 비해 호흡량이 매우 적습니다. 동물은 움직임이 많아 에너지가 많이 필요하기 때문에 호흡을 활발히 하여야 합니다. 반면, 식물은 움직임이 없어 에너지 필요량이 적어 동물에 비해 적은 호흡량으로도 생활이 가능하기 때문입니다.

Section

25 배가 부를 때, 잠이 오는 것은 포만감 때문에 몸이 무거워져서이다

한별이는 5교시 때마다 선생님께 혼이 납니다. 밥을 잔뜩 먹은 후 시작되는 5교시 수업 때면, 매번 고개를 꾸벅꾸벅 떨구며 졸게 되기 때문입니다. 오늘도 어김없이 찾아온 5교시 수업! 참고 참아 보았지만 쏟아지는 졸음에 못 이겨 또 졸고 말았습니다. 집에 돌아 온 한별이는 투덜거리기 시작합니다.

"오늘 선생님께 또 혼났어! 왜 자꾸 5교시엔 잠이 쏟아지는 건지."

"아까 그래서 선생님께 혼나고 있었구나! 지나가다 봤어."

"오늘은 나만 혼이 난 게 아니라, 졸고 있던 몇 명이 더 있어서 같이 혼났어."

"자랑이야? 근데 왜 5교시 수업엔 특히 더 졸린 걸까?"

"그걸 몰라서 물어? 밥을 많이 먹은 후엔 배가 부르고 몸이 무거워지니깐 축축 늘어지면서 잠이 스르륵 오는거지!"

"몸이 무거워서 잠이 잘 오는 거면, 뚱뚱한 사람은 마른 사람보다 더 잠이 많게?"

은별이의 말에 말문이 막힌 한별이는 머릿속으로 떠올려 봅니다. 같은 반에서 가장 뚱뚱한 친구인 영호의 모습을 말입니다. 생각해 보니, 영호는 몸도 뚱뚱하고 밥도 반에서 제일로 많이 먹지만, 잠이 항상 많아 보이진 않습니다.

내일은 초롱초롱한 눈망울로 수업을 열심히 듣고, 또 선생님께 혼이 아닌 칭찬을 받고 싶은 한별이! 과연 성공할 수 있을까요?

배가 부를 때, 잠이 오는 것은 몸이 무거워져서라는 한별이의 말! 맞을까? 틀릴까?

정답 [X]

보통 밥을 먹고 나서 배가 부르면 평소 때보다 잠이 더 잘 오게 됩니다. 그래서 5교시 수업은 학생에게나 선생님에게나 매우 힘든 시간입니다. 하지만 밥을 먹은 후 잠이 오는 것은 몸이 무거워져서가 아니라, 뇌의 활동이 둔해지기 때문입니다.

호흡과 순환은 따로따로 이루어지는 것이 아니라 서로 도와가며 우리의 생명을 유지해 주는 기능입니다. 앞에서 배웠듯이, 호흡을 통해 흡수한 산소는 몸의 곳곳으로 보내져 에너지를 내는데 쓰여야 하는데, 이러한 산소의 이동을 도와주는 것이 혈액순환입니다.

밥을 먹게 되면 우리의 위장은 우리가 먹은 음식을 소화시키기 위해 활발한 활동을 하게 됩니다. 활발한 활동을 하게 되면 당연히 에너지의 필요량이 많아지게 되고, 에너지를 많이 내려면 산소가 많이 필요하게 되겠지요? 그래서 밥을 먹은 후엔 위장에 산소를 공급하기 위해 혈액이 많이 가야 합니다. 따라서 뇌에는 비교적 적은 양의 혈액이 가게 됩니다. 그러면 뇌의 활동이 둔해지게 되어 상대적으로 졸리고 피곤하게 느껴지는 것입니다.

Section

26 눈이 2개인 이유는 몸의 균형을 맞추기 위해서이다

"엄마! 아앙~."

은별이는 옷이 잔뜩 만신창이가 된 채 집으로 들어왔습니다. 은별이의 모습에 놀란 엄마와 한별이가 깜짝 놀라 묻습니다.

"너 왜 그래?"

"나 오다가 넘어져서 진흙탕에 빠졌단말야."

엄마는 은별이를 진정시킨 후, 깨끗이 씻고 새 옷으로 갈아입도록 준비해 주십니다. 잠시 후 깨끗하게 옷을 갈아입고 나온 은별이. 그러나 한별이는 은별이에게 또 시비를 거는 모양입니다.

"으이구~. 조심성 없이 다니니까 흙탕물에서 뒹굴지!"

"뭐야! 그런 게 아니라고! 나 요즘 오른쪽 눈에 눈다래끼 나서 안대 쓰고 다닌 거 몰라!"

"그거랑 넘어진 거랑 무슨 상관이니?"

"왜 상관이 없어! 한 쪽 눈으로만 앞을 보면 시야도 좁아지고, 장애물도 잘 안 보이고 그런다고!"

"눈은 하나 있으나 둘 있으나 앞을 보는 데는 똑같아."

"아냐! 하나만 있으면 앞을 잘 볼 수 없으니 사람 눈은 두 개인거야."

"푸하하! 한번 상상해봐라~. 눈이 하나인 네 얼굴?"

"그거야 당연히 좀 웃기겠지! 괴물 같고!"

"거봐~. 귀도 두 개고 콧구멍도 두 갠데 눈만 하나면 이상하지? 그래서 우리 몸은 균형을 맞추려고 눈도 두 개인 거라고!"

◎ 눈이 두 개인 것은 몸의 균형을 맞추기 위해서라는 한별이의 말! 맞을까? 틀릴까?

정답

눈이 두 개인 이유는 하나일 때보다 더 잘 볼 수 있기 때문입니다. 두 눈은 한 개의 눈보다 볼 수 있는 시야를 넓혀 주며, 입체감을 더 잘 느낄 수 있게 해 줍니다. 따라서 은별이의 경우처럼, 안대로 한쪽 눈을 가린 경우, 앞의 사물을 판단하기 어려워집니다. 또한 입체감 역시 잘 느끼지 못해 계단이나 언덕을 내려갈 때 평소보다 어려워집니다.

눈이 한 개이면 불리한 경우

한 쪽 눈만으로는 입체감과 거리감을 잘 느낄 수 없어 아래와 같은 경우, 불리하게 됩니다.

– 장애물을 만났을 때 –

– 공기놀이를 할 때 –

Section

27 A형과 B형 사이에서도 O형이 나올 수 있다

한별이와 은별이는 얼마 전 학교에서 신체검사를 받았습니다. 그 후로 한별이는 며칠 째 고민에 빠져있습니다. 아빠는 B형, 엄마와 은별이는 A형인데 자신만 O형이기 때문입니다.

'난 우리 집 친 자식이 아닌가? 왜 난 엄마, 아빠 혈액형과 다를까?'

'아니야! 혈액검사가 잘못 되었을 거야!'

'아니야! 어쩐지 우리집에선 맨날 나만 구박하는 분위기야…. 난 주워 온 자식인가 봐.'

항상 까불거리며, 활달한 한별이가 며칠 째 조용하자, 은별이가 먼저 말을 건내 봅니다.

"오빠! 요즘 왜 그리 조용해? 무슨 고민있어?"

"너랑 나랑 남들이 보면 쌍둥이 같지 않지? 안 닮았지?"

"그건 지난번 배웠잖아! 우린 이란성 쌍둥이라 성별도 다르고, 얼굴도 닮지 않은 거!"

"그런데 왜 나만 혈액형이 다르지? 아빠가 B형이고, 엄마가 A형이면 태어난 자식은 A나 B형이어야 하잖아~. 너는 A형인데 왜 난 O형이지?"

"그럼 A형과 B형 사이에서도 O형이 나올 수 있나 보지 뭐~."

"아냐! 나는 주워 온 자식인가 봐. 어쩐지 나만 우리 식구들이랑 다른 게 많다고!"

무척이나 우울해진 한별이. 과연 한별이네 가족에 출생의 비밀이 숨겨져 있는 것일까요?

◎ A형과 B형 사이에서는 O형이 나올 수 없다는 한별이의 말! 맞을까? 틀릴까?

정답 

A형과 B형 사이에서도 O형이 나올 수 있습니다.

사람의 혈액형을 결정짓는 데에는 A, B, O 라고 표기되는 3개의 유전자가 작용합니다. 사람마다 A, B, O 셋 중 두 개를 갖게 되며, 이는 부모로부터 각각 하나씩 물려받게 되는 것입니다.

사람의 혈액형 구성의 경우의 수는 아래와 같습니다.

A형 → AA, AO

B형 → BB, BO

O형 → OO

AB형 → AB

위와 같은 경우의 수가 되는 이유는 다음과 같습니다. 사람의 혈액형을 결정짓는 A, B, O 유전자 사이에는 우열관계가 있습니다. 같이 있을 때 더 센 쪽과 약한 쪽이 있다는 의미입니다. A 유전자와 B 유전자의 힘은 같으나, O 유전자는 항상 A, B 유전자보다 약합니다. 따라서 AO의 경우 A 유전자와 O 유전자가 함께 있지만, A 유전자의 힘이 더 강하여 A형이 되는 것입니다. BO의 경우도, B 유전자의 힘이 O 유전자보다 강하기 때문에 B형이 되는 것입니다. 또한 AB의 경우에는, A 유전자와 B 유전자의 힘이 같기 때문에 AB 둘 다 나타나 AB형이 되는 것입니다.

또한 자식을 만들 때에는 자신의 혈액형 구성의 절반만 물려주게 됩니다. 예를 들어, 한별이의 아버지가 BO형이라면 자식에게는 B 또는 O 유전자를 줄 수 있습니다. 한별이의 어머니가 AO형이라면 A 또는 O 유전자를 물려 줄 수 있습니다. 따라서 아버지의 O 유전자와 어머니의 O 유전자가 만나면 자식은 OO형이 되어 O형이 될 수 있습니다.

Section

28 목욕을 자주 하는 것이 피부에 좋다

은별이는 하루에 두 번 씩 목욕을 합니다. 아침에는 깨끗하고 단정한 모습으로 학교를 가기 위해서, 그리고 저녁에는 하루 종일 몸에 묻은 먼지와 때를 말끔히 씻고 싶기 때문입니다. 은별이가 목욕을 할 때마다 한별이는 투덜거립니다. 급한 용무를 처리하고 싶을 때마다 은별이가 오랫동안 화장실을 쓰고 있기 때문입니다.

오늘도 말끔히 씻고 나온 은별이에게 한별이는 짜증을 부립니다.

"넌 결벽증이야! 왜 그리 자주 씻는거야?"

"하루에 두 번 정도 몸을 청결히 유지해 줘야 한다고!"

"너의 그 청결 유지 때문에 내 장이 얼마나 고통 받고 있는 줄 알아! 너 때문에 말 못할 고통을 참아야 할 때가 많다고!"

한별이는 그 동안 참았던 고통을 털어놓기 시작합니다.

"미안해! 그럴 땐 급하다고 말을 해! 빨리 나올테니…."

"으이구~. 저 결벽증! 넌 너무 자주 씻어!"

“내가 자주 씻는 게 아니라 오빠가 너무 안 씻는거야! 자주 씻고 때도 밀어줘야 몸도 청결해 지고, 피부에도 좋은거라고!”

“무슨 소리~. 적당히 더러운 것도 몸의 방어력을 키우는 데 좋아! 너무 자주 씻는 게 더 안 좋은 거라고!”

목욕을 자주 하는 것이 좋다는 은별이의 말! 맞을까? 틀릴까?

정답 [X]

적당히 몸을 청결히 하는 것은 좋지만, 너무 잦은 목욕은 오히려 좋지 않습니다.

피부는 외부환경으로부터 우리 몸을 보호해 주는 기능을 담당합니다. 피부는 바깥쪽에서부터 표피, 진피*, 피하지방*의 세 층으로 구성되어 있습니다. 표피는 3개의 층 중 가장 얇은 층으로 피부의 보습 및 보호를 담당하는 중요한 기능을 합니다. 또한 우리 몸에 세균이 침입하는 것을 방지하기도 합니다. 그리고 흔히 '때'로 알려진 각질층을 만드는 부분이기도 합니다.

각질층은 여러 겹으로 되어있는데, 각질층 중 가장 바깥쪽의 층이 우리가 보통 때로 미는 부분입니다. 때는 우리 몸의 죽은 세포가 먼지나 세균 등과 덩어리진 부분이라 더럽다고 생각되지만, 이것은 물과 비누칠로 쉽게 떨어져 나갑니다. 하지만, 너무 잦은 목욕과 때밀기를 하면 필요이상의 각질층이 벗겨져 몸을 보호하는 기능을 약화시키고, 피부에 무리를 줄 수 있습니다.

진피층 피부의 대부분을 차지하며, 혈관과 신경 등이 분포하는 부분. 표피에 양분을 공급하며, 수분을 저장하고, 체온을 유지시켜 주는 역할을 함.

피하지방층 피부의 가장 안쪽을 구성하고 있으며, 충격을 흡수하는 역할, 영양분의 저장소, 외부로 열이 빠져나가는 것을 방지하는 역할을 함. 특히 몸매를 유지하는데 가장 중요한 역할을 하는 부위

Section

29 식물은 햇빛 쪽으로 굽어자란다

은별이는 자신의 방에서 신기한 것을 발견하였습니다. 이상하게도 은별이 방에 있는 화분의 식물이 창가 쪽으로 굽어 자라고 있는 게 아니겠습니까. 은별이는 너무나 신기하여 화분을 들고 나왔습니다.

"엄마! 아빠! 오빠! 이것 봐! 엄청 신기하지?"

"그 화분이 왜?"

"내 방 책상 위에 두었는데, 신기하게도 식물 줄기가 창가 쪽으로 향해 자라고 있어!"

"그래! 한 쪽으로 굽었긴 하다."

한별이도 은별이의 말에 솔깃하여 식물을 자세히 쳐다봅니다.

은별이가 신기한 냥 말을 잇습니다.

"식물은 빛을 받아 광합성을 하니까…. 햇빛을 많이 받기 위해 창가 쪽으로 굽어 자란 것이 분명해! 와~. 위대한 발견이다!"

은별이는 화분의 모습에 너무도 신기할 따름입니다.

"에잇! 아무리 그래도 식물이 우리처럼 뇌가 있는 것도 아닌데 어떻게 그런 생각을 하고 창가 쪽으로 굽어 자라겠냐?"

"아냐! 이번엔 내 생각이 분명 맞을거야~."

은별이는 자신의 발견에 신기해하며, 확신에 찬 목소리로 이야기합니다. 과연 은별이의 확신이 맞는 걸까요?

식물은 햇빛 쪽으로 굽어자란다는 은별이의 말!
맞을까? 틀릴까?

정답 [O]

식물이 자라기 위해서는 햇빛이 반드시 필요합니다. 따라서 식물은 햇빛을 조금이라도 더 많이 받을 수 있도록 햇빛 쪽으로 굽어 자라게 됩니다. 이것을 '굴광성' 이라고 합니다.

굴광성이 나타나는 이유는 식물의 성장호르몬인 '옥신' 때문입니다. 성장을 촉진하는 물질인 옥신은 빛을 받으면 빛의 반대쪽으로 몰리게 됩니다. 그러면 빛을 받는 쪽보다 빛을 받지 못하는 쪽이 더 빨리 자라게 되어 성장의 불균형이 일어납니다. 그러면 식물의 줄기는 빛 쪽으로 굽어지게 되는 것입니다. 만약 집에서 키우는 식물이 창 쪽으로 굽어 자라는 것을 보았다면 굴광성을 본 것입니다.

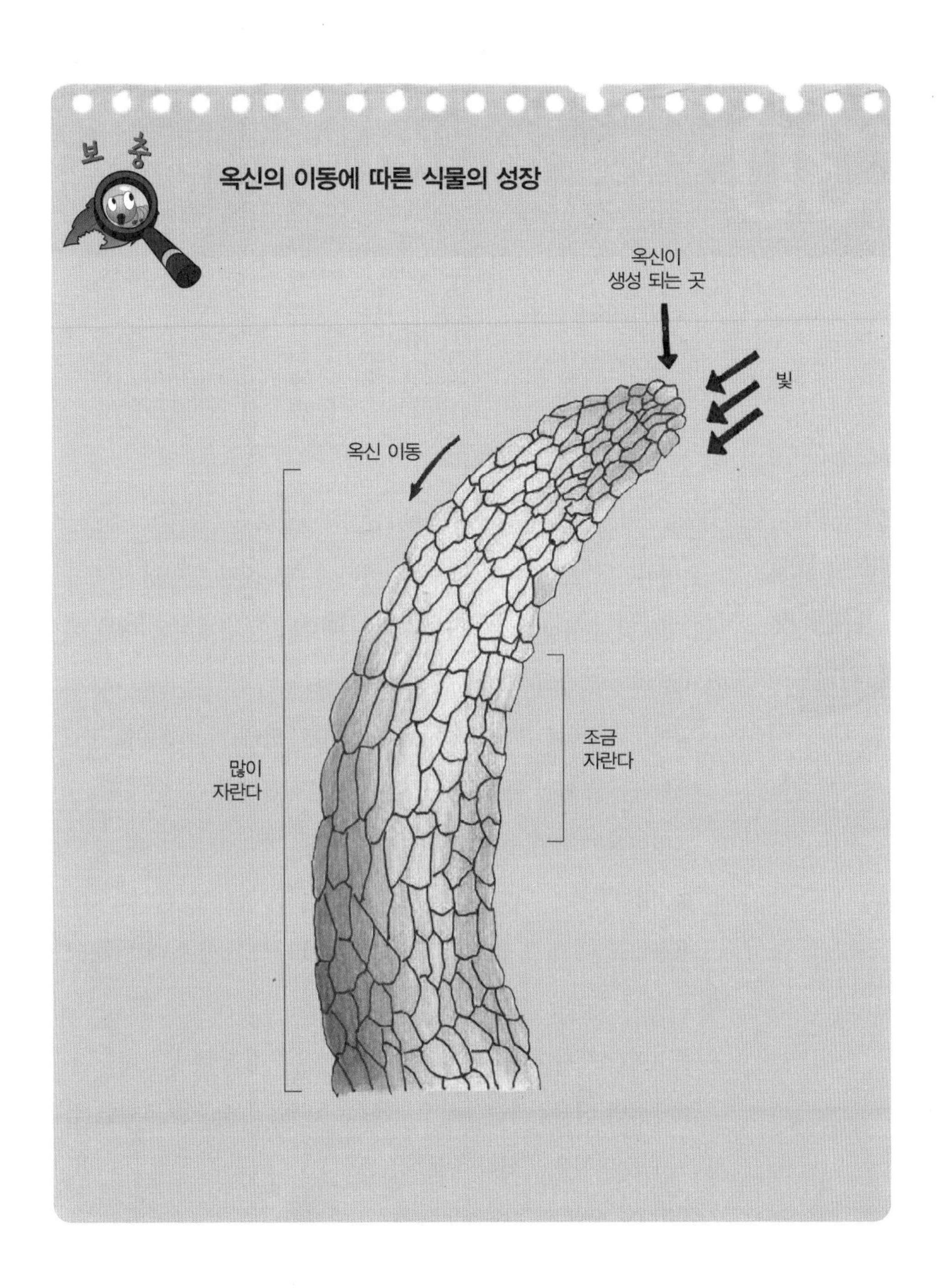
보 충
옥신의 이동에 따른 식물의 성장
옥신이
생성 되는 곳
빛
옥신 이동
많이
자란다
조금
자란다

Section

30 색맹은 여자보다 남자가 더 많다

은별이는 학교에서 돌아오면 엄마에게 학교에서 있었던 일들을 이야기하길 좋아합니다. 오늘은 같은 반 친구인 은철이에 대한 이야기를 하고 있습니다.

"엄마! 우리반에 은철이라는 애가 있거든! 근데 걔 색맹이래."

옆에서 듣고 있던 한별이가 궁금한 듯 물어봅니다.

"색맹이라면 색깔 구별을 잘 못 하는 거?"

"응. 맞아!"

"초등학교 때 내 친구 태규도 색맹이어서 나도 색맹에 대해 좀 알지."

"은철이는 적록색맹이라서 적색하고 녹색을 잘 구별 못한대!"

"색맹이면 신체검사 할 때 숫자를 잘 못 읽어! 숫자를 표현한 점과 그 주변의 점을 구별하지 못하거든."

한별이도 색맹에 대해 잘 아는 냥 이야기합니다.

"그런데 오빠! 그것도 유전인가 봐. 은철이네 외할아버지도 색맹이래."

"근데 그러고 보니 색맹은 남자만 있나 봐! 너네반 은철이도, 은철이 할아버지도, 내 친구였던 태규도…. 모두 남자잖아."

은별이도 생각을 해 봅니다. 가만히 생각을 해 보니…. 여자가 색맹이란 얘기는 들어본 적이 없는 듯합니다.

"오빠! 우리 주변 여자들한테 없어서 그런 거 아닐까? 여자도 색맹이 있긴 하겠지?"

"있기야 하겠지만…. 내 생각엔 색맹은 남자에게 많이 나타나는 게 분명해~!"

색맹은 여자보다 남자에게 많다는 한별이의 말! 맞을까? 틀릴까?

정답 [O]

색깔을 잘 구분하지 못하는 색맹은 여자보다 남자에게 훨씬 많이 나타납니다. 이는 바로 색맹과 관련된 유전자가 X염색체에 존재하기 때문입니다.

앞에서 이야기 하였듯이, 남자의 성염색체는 XY로 구성되며, 여자의 성염색체는 XX로 구성됩니다. 그리고 부모는 자식에게 자신이 가진 성염색체의 절반만 물려주게 됩니다.

남자의 경우는 X염색체가 한 개이기 때문에, 색맹 유전자를 가진 X염색체 한 개를 받게 되면 무조건 색맹이 됩니다. 하지만 여자의 경우에는 두 개의 X염색체를 갖기 때문에 둘 중 하나라도 정상 X염색체라면 색맹이 되지 않습니다. 여자는 색맹 X염색체 두 개를 모두 물려받아야만 색맹이 됩니다. 따라서 성염색체의 구성 차이로 남자가 색맹이 될 가능성이 훨씬 큽니다.

색맹처럼 남자에게 불리한 유전이 또 있을까요?

혈우병이라는 유전병도 남자에게 훨씬 많습니다. 혈우병은 혈소판에 이상이 있는 질병입니다. 앞에서 혈소판이란, 상처가 났을 때 피를 응고시켜 출혈을 막아준다고 배웠습니다. 하지만 혈우병에 걸린 사람들은 혈소판이 이러한 기능을 제대로 하지 못해 상처가 생겼을 경우, 출혈이 계속 일어나 심하면 사망에 이를 수 있습니다. 불행히도 이러한 혈우병 역시 색맹과 같은 방식으로 유전되어 거의 남자에게만 나타나는 질병입니다.

Section
31 딸은 엄마를 닮고, 아들은 아빠를 닮는다

은별이는 요즘 외모에 대해 불만이 많은 모양입니다. 특히 아침마다 정리하기 힘든 곱슬거리는 앞머리와 쌍꺼풀 없는 눈이 가장 큰 불만거리입니다.

"이 앞머리! 왜 이리 곱슬거리는 거야! 나도 아들로 태어났어야 하는데…."

옆에서 은별이의 투정을 가만히 듣고 있던 한별이가 말을 건냅니다.

"엥? 아들로 태어나야 했다니?"

"오빤 그거 몰라? 딸은 엄마를 닮고, 아들은 아빠를 닮는다는 거!"

"아냐! 난 엄마, 아빠 반반씩 닮는 거라고 알고 있는데…."

"아냐! 잘 생각해 봐~. 오빠는 성격이나 생김새가 아빠를 많이 닮았고, 나는 이 곱슬머리와 쌍꺼풀 없는 눈이 엄마랑 쏙 빼 닮았다고!"

"그런가~. 하긴 우리 집 남자들이 인물이 좋긴 하지. 크크크."

은별이는 위로는 커녕 놀리기만 하는 한별이가 너무나 얄밉기만 합니다.

"나도 쌍꺼풀 있고, 머리도 생머리인 아빠를 닮았어야 하는데…. 엄마가 원망스럽다! 난 나중에 쌍꺼풀 있고 생머리인 멋진 남자 만나서 아들만 낳아야지~."

"그건 또 왜?"

"그래야 아빠 닮은 잘생긴 아들이 나오지! 나 닮은 딸 낳으면 또 원망 받을거야. 흑흑."

은별이는 원빈 오빠를 닮은 멋진 남자와 결혼할 자신의 모습을 상상해 봅니다.

딸은 엄마를 닮고, 아들은 아빠를 닮는다는 은별이의 말! 맞을까? 틀릴까?

정답 

딸은 엄마를 닮고, 아들은 아빠를 닮는다는 것은 잘못된 생각입니다. 항상 자식은 양쪽 부모의 반반씩 닮게 됩니다. 왜냐하면 부모님이 가지고 있었던 유전자의 절반씩 자손에게 물려 내려오기 때문입니다.

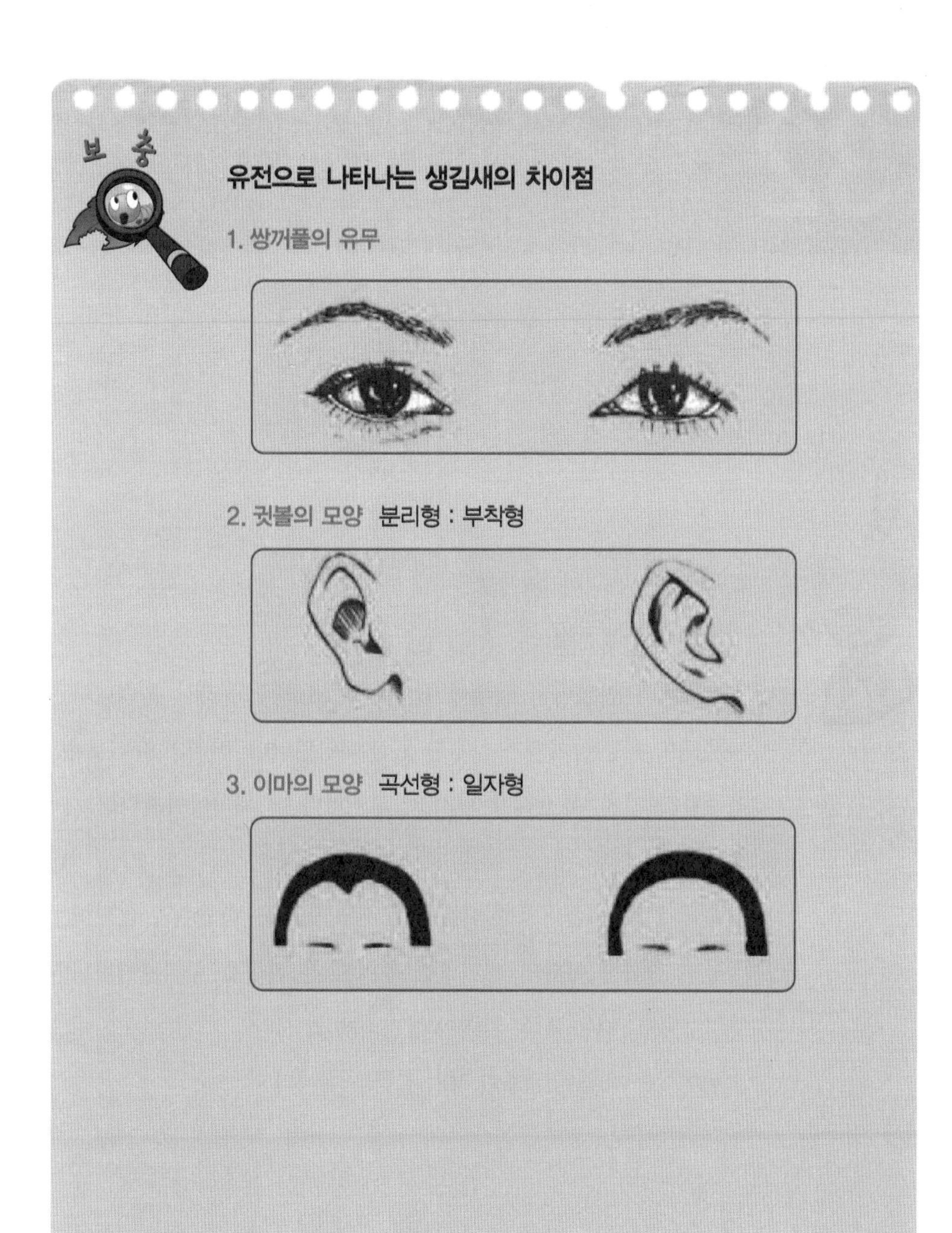
보충
유전으로 나타나는 생김새의 차이점
1. 쌍꺼풀의 유무
2. 귓볼의 모양 분리형 : 부착형
3. 이마의 모양 곡선형 : 일자형

Section

32 술에 취하면 비틀거리는 것은 알코올 성분이 뇌를 마비시키기 때문이다

"한별아! 은별아! 쾅쾅쾅!"

"엇! 이게 무슨 소리지?"

은별이와 한별이는 밖에서 들리는 큰 소리에 놀라서 묻습니다. 아무래도 오늘은 아빠가 약주를 드신 모양입니다. 아빠의 술버릇은 약주를 드시면, 목소리가 커지고, 평소보다 더 재미있어진다는 것입니다.

술에 취해 비틀거리는 아빠를 모시고 들어온 한별이와 은별이. 적당히 취하신 아빠의 재미있는 유머에 온 가족은 즐거워합니다. 한참을 웃고 떠든 후 온 가족이 잠자리에 들 시간.

한별이는 마침 궁금증이 생겨 질문을 합니다.

"은별아!"

"왜?!"

"그런데 왜 사람이 술에 취하면 몸을 비틀거리게 될까?"

“그거야…. 아마 술의 주성분인 알코올이 몸에 어떤 변화를 일으키기 때문이 아닐까?”

“음…. 물론 그렇겠지. 알코올 성분 때문에 속이 쓰려서 그런 건가?”

“에이~. 그건 아닐 것 같아! 속이 쓰려서 그런 거라면 배만 아프지 팔, 다리까지 휘청거리게 되진 않을 듯한데! 술을 마시면, 몸만 비틀거리는 것이 아니라 생각도 흐려지잖아. 했던 말도 또 하고! 아마 알코올 성분이 뇌를 마비시키기 때문은 아닐까?”

논리적인 설명을 늘어놓는 은별이! 이번에도 과연 은별이의 말이 맞을까요?

술을 마시면 비틀거리는 것은 알코올 성분이 뇌를 마비시키기 때문이라는 은별이의 말! 맞을까? 틀릴까?

정답 [O]

여러 가지 약물은 우리의 신경에 영향을 미칩니다. 술에 포함되어 있는 알코올 성분은 뇌에 영향을 미쳐 우리 몸의 자제력과 판단력을 떨어뜨립니다. 이것은 알코올 뿐 아니라, 진통제와 마취제에서도 볼 수 있습니다. 이것들은 우리 몸의 판단 기능을 떨어뜨리고 흥분을 억제시키는 역할을 하여 '진정제'라고 부릅니다. 따라서 알코올이 든 술을 먹었을 때에는 판단력과 자제력을 잃어 했던 말을 반복하거나 몸을 비틀거리게 되는 것입니다.

진정제 이외에는 어떤 종류의 약물이 있을까요?

진정제와는 반대로 '각성제'는 뇌를 자극하여 쉽게 흥분하게 하고, 신체의 기능을 높이는 역할을 합니다. 각성제에는 커피 속의 카페인과 담배의 니코틴 등이 포함됩니다. 따라서 커피를 마시게 되면, 잠이 덜 오게 되며 정신이 맑아지는 것입니다.

또한 뇌에 작용하여 정상감각이 아닌 환상을 느끼게 하는 약물을 '환각제'라고 합니다. 환각제에는 대마초, 필로폰 등이 있습니다.

모든 약물은 필요이상 복용시 신체와 신경에 영향을 미치므로 의사처방에 따른 적절한 약물복용이 필요합니다.

Section
33 밝은 곳에 있다가 갑자기 어두운 곳에 가면 잘 안 보이는 이유는 빛이 거의 없어 눈이 놀라기 때문이다

한별이네 가족은 영화를 보기 위해 외출을 하였습니다. 영화보기에 잔뜩 기대에 부푼 한별이와 은별이. 팝콘과 음료수까지 사고 난 후 더욱더 신이 난 모양입니다. 그러나 영화 상영관을 들어서자마자 한별이는 또 사고를 치고 맙니다.

"우당탕탕~. 으아악~."

갑자기 밝은 곳에서 어두운 상영관으로 들어서게 되어 팝콘과 음료수를 엎지르며 넘어진 모양입니다.

"엇! 내 팝콘! 내 음료수!"

한별이는 넘어져서 아픈 것보다 팝콘과 음료수를 엎지른 것이 더 안타까운 듯 소리칩니다.

"역시 오빤 꼭 일을 저지른다니깐! 이렇게 사람 많은 곳에서 창피하게 말이야."

"됐다! 그만들 하고 어서 자리로 가서 앉자! 영화 시작하겠다!"

아빠는 둘을 달래며 자리를 찾아 안내합니다.

영화가 끝난 후.

“영화 진짜 재밌다! 아까 오빠가 처음에 사고만 안 쳤어도 더 재미있는 건데….”

“우씨! 그 얘기 하지마! 내가 그럴려고 한 게 아니라…. 갑자기 어두운 곳에 들어오니까 앞이 잘 안 보였단 말이야!”

“그럴수록 조심을 해야지!”

“밝은 곳에 있다가 갑자기 어두운 곳에 가면 빛이 없어서 눈이 놀란다고! 그래서 잘 안 보이게 되는 거니까 자꾸 뭐라 하지마!”

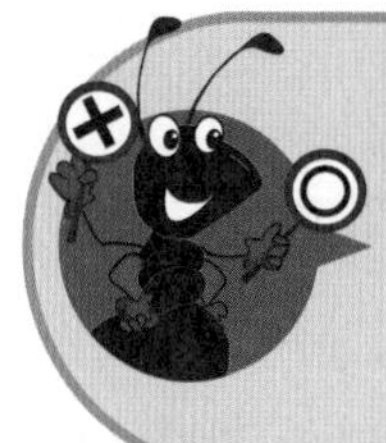

밝은 곳에 있다가 갑자기 어두운 곳에 가면 잘 안 보이는 것은 빛이 없어 눈이 놀라기 때문이라는 한별이의 말! 맞을까? 틀릴까?

정답 []

밝은 곳에 있다가 갑자기 어두운 곳에 가면 잘 보이지 않습니다. 이것은 우리 눈의 적응현상 때문입니다.

우리 눈에는 밝은 곳에서 물체를 볼 수 있게 해주는 세포와, 어두운 곳에서 물체를 볼 수 있게 해주는 세포가 각각 존재합니다. 하지만 갑자기 밝은 곳에서 어두운 곳으로 가면 두 세포가 교체하는데 시간이 조금 필요하기 때문에 처음에는 잘 보이지 않는 것입니다. 어두운 곳에 있다가 갑자기 밝은 곳으로 갔을 때 처음에 잘 보이지 않는 것도 같은 이유 때문입니다.

암순응 밝은 곳에 있다가 어두운 곳으로 가면 처음에는 잘 볼 수 없다가 얼마 후에 잘 볼 수 있게 되는 현상

명순응 어두운 곳에서 갑자기 밝은 곳으로 가면 처음에는 눈이 부셔 잘 볼 수 없다가 얼마 후에는 잘 볼 수 있게 되는 현상

Section

34 놀라면 간이 콩알만 해진다

은별이는 학교를 마치고 집으로 돌아왔습니다. 불도 꺼져있고 조용한 집안 분위기. 아마도 집에 아무도 없는 모양입니다. 항상 은별이보다 먼저 집에 도착하는 한별이도 오늘은 은별이보다 늦나봅니다. 은별이가 거실에 불을 켤려는 찰나….

"짜잔~. 놀랐지?"

갑자기 커텐 뒤에서 튀어 나온 한별이의 모습에 은별이는 너무 놀라 뒤로 넘어지고 맙니다.

"오빠! 뭐하는 거야? 놀랬잖아!"

"크크크! 너 놀래 켜 주려고 커텐 뒤에 숨어있었지! 음하하."

"뭐야! 간이 콩알만 해지는 줄 알았잖아!"

은별이는 놀란 가슴을 쓸어내리며 한별이에게 투덜거립니다.

"걱정마! 간이 콩알만 해졌다 해도 좀 있으면 회복될테니깐!"

"에엥? 진짜 간이 콩알만 해졌는 줄 아나보네~."

"옛날부터 할머니가 그러셨잖아! 너무 놀라시면 간이 콩알만 해진다고!"

"그건 그냥 너무 놀랐다는 표현인거겠지~."

"아냐! 옛날 어른들 말씀에는 틀린 것이 없어! 놀라면 간이 콩알만 해졌다가 다시 원상복귀 될거야."

믿을 수 없는 한별이의 주장에 은별이는 고개를 갸우뚱거립니다. 옛날 어른들 말씀대로 놀라면 간이 정말 콩알만 해질까요?

놀라면 간이 콩알만 해진다는 한별이의 말! 맞을까? 틀릴까?

정답 []

우리가 일상적으로 너무 놀랐을 경우 '간이 콩알만 해졌다'는 표현을 쓰지만, 실제로 그런 일은 일어나지 않습니다. 실제로 그렇게 된다면 정말 큰 일이 나겠지요? 왜냐하면 우리의 '간'은 너무나 중요한 많은 일은 담당하기 때문입니다.

그럼에도 불구하고 이런 말이 생겨난 이유는 우리 몸의 기능은 신경의 영향을 받게 되기 때문입니다. 즉, 우리가 너무 놀랐을 때 일시적으로 몸의 기능이 떨어지게 되고, 간으로 들어가는 혈액의 양이 줄어듭니다. 따라서 놀랐을 때 일시적으로 간의 기능이 떨어지는 것을 비유적으로 표현한 말입니다.

간의 역할에 대해 알아봅시다!

우선, 간은 우리가 알코올이나 약물을 섭취했을 때, 또는 몸 속에 나쁜 물질이 생성되었을 경우 이를 해독하는 역할을 담당합니다. 따라서 과도한 약물이나 술을 복용하는 것은 간에 무리를 주는 일입니다.

둘째, 간은 혈당량을 일정하게 유지시켜 줍니다. 우리의 혈액에는 일정량의 포도당이 있어야 합니다. 이것을 혈액에 들어있는 포도당량이라고 하여, 줄여서 '혈당량'이라고 부릅니다. 그런데 밥을 먹은 직후에는 포도당의 양이 너무 많아지고, 밥을 먹은 지 오래 되었을 때에는 포도당의 양이 급격히 떨어집니다. 이러한 포도당의 양이 일정하게 유지되도록 도와주는 역할을 바로 간이 담당합니다.

셋째, 간은 지방의 소화를 도와줍니다. 지방이 잘 소화되도록 돕는 쓸개즙을 생성하기 때문입니다.

Section

35 지렁이는 비 오는 것을 좋아한다

"으아악~. 도대체 몇 마리를 밟은 건지 셀 수도 없다!"

집으로 들어 와 신발을 털고 있는 한별이의 표정이 좋지 못합니다.

"오는 길에 얼마나 말라 죽은 지렁이가 많은지 피하려고 했는데도 엄청 밟았어!"

"지렁이가 뭐가 무섭다고 그 난리야~!"

"내가 뭐 무서워서 그러냐! 징그러워서 그러지!"

아직도 지렁이를 밟았던 느낌이 생생한지 한별이는 또다시 표정이 일그러집니다.

"하긴 나도 오늘 오면서 지렁이를 많이 보긴 했어. 며칠 째 비가 오다가 갑자기 햇빛이 내리 쬐어서 미처 집에 못 들어간 지렁이들이 말라죽었나 봐!"

"지렁이들은 왜 땅 위로 올라와서 이런 대죽음을 맞이하고야 마는지…. 불쌍한 지렁이들."

"그런데 오빠! 왜 평소엔 보기 힘든 지렁이가 비 올 때만 땅위로 기어 올라올까?"

"그거야 뭐…. 비를 좋아하기 때문 아니겠어!"

"지난번에 동물의 왕국에서 봤던 청개구리나 달팽이처럼 말야?"

"그렇지! 내가 오늘 밟은 수많은 지렁이들은 자신들이 좋아하는 비를 마음껏 만끽하다가 최후를 맞은 거라고! 좋아하는 비를 실컷 즐기고 죽었으니 그렇게 불쌍한 건 아니다. 그렇지?"

"결국 죽었는데 그게 다 무슨 소용! 하여간 비를 좋아하는 사람이 있듯 비를 좋아하는 동물도 따로 있나보군!"

지렁이는 비 오는 것을 좋아한다는 한별이의 말! 맞을까? 틀릴까?

정답 [X]

지렁이는 우리의 일반적인 생각과는 달리 물을 싫어합니다. 지렁이는 몸 전체의 피부로 숨을 쉬는 대표적인 생물입니다. 그런데 비가 많이 와서 자신들의 집인 흙 속으로 물이 고여 들어오면 산소를 받아들이기 어려워 숨을 쉴 수 없게 됩니다. 또한 지렁이가 숨을 쉴 때 내뱉는 이산화탄소가 물에 녹게 되면 약한 산성을 띠게 되어, 지렁이의 몸에 상처를 낼 수도 있습니다. 따라서 지렁이가 비가 내릴 때마다 땅 위로 기어 나오는 것은 비가 좋아서가 아니라, 숨을 쉬기 위해서입니다.

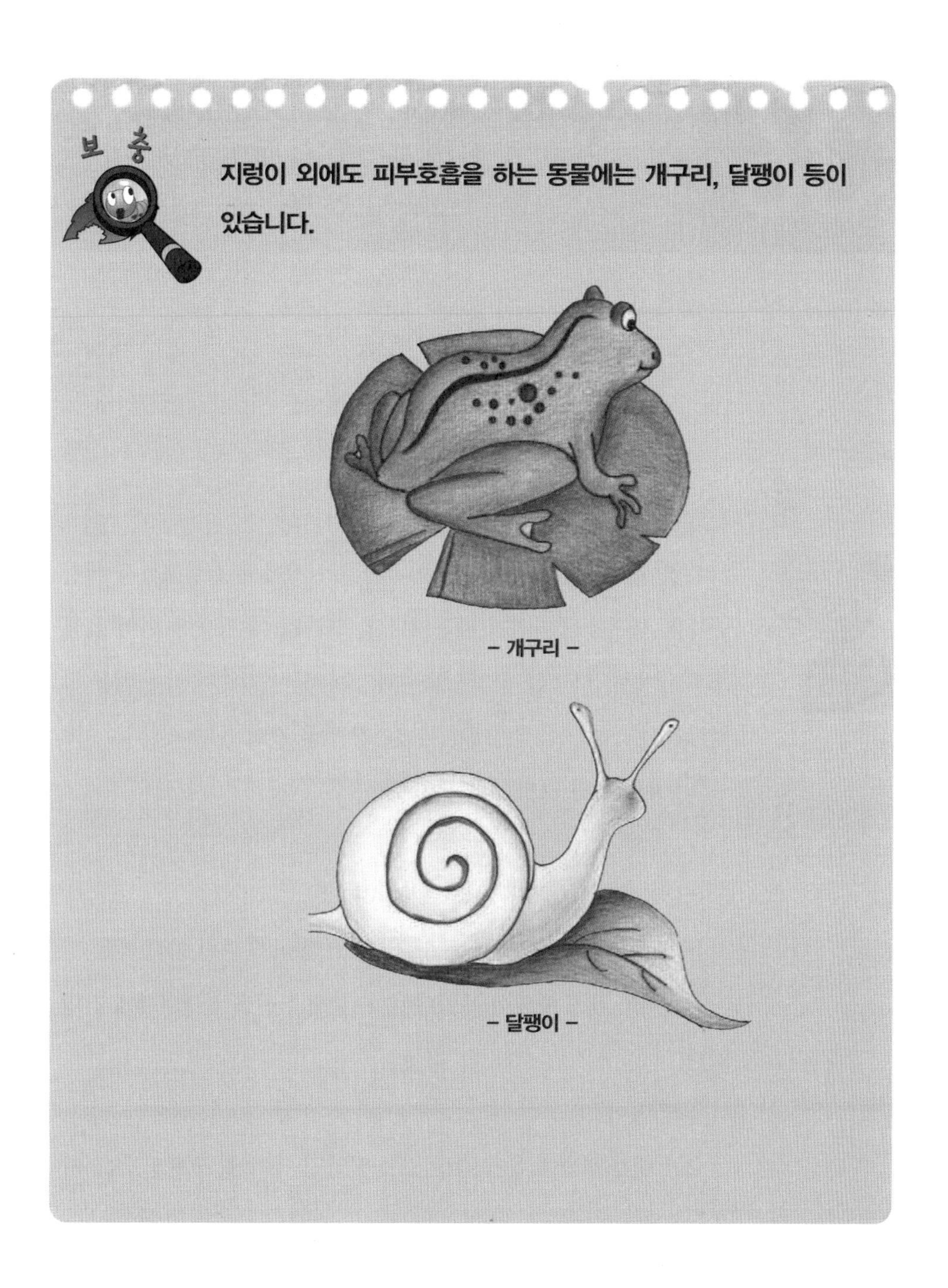

보충

지렁이 외에도 피부호흡을 하는 동물에는 개구리, 달팽이 등이 있습니다.

– 개구리 –

– 달팽이 –

Section

36 가을에 단풍이 드는 이유는 엽록소의 색깔이 변하기 때문이다

은별이는 독서광으로 유명합니다. 위인전에서 소설책까지 어떤 종류의 책이든 좋아하기 때문입니다. 그 때문에 작년에 이어 올해도 학급에서 '다독상'을 받았습니다. 오늘도 어김없이 읽은 책을 독서장에 정리하는 은별이에게 한별이가 말을 걸어 봅니다.

"너 제일 감명 깊게 읽은 책이 뭐야?"

"그건 왜?"

"나도 한번 읽고 독서장에 기록하려고!"

"오~. 그래? 이제 철이 좀 든 거야! 그럼 이거 한번 읽어 봐!"

은별이는 책장에 꽂아 두었던 아끼던 책 한권을 한별이에게 건넵니다.

"제인에어?"

"응! 내가 작년에 무지 감명 깊게 읽었던 책이야! 오빠도 꼭 읽어 봐!"

“알았어! 엇? 근데 이게 뭐지? 웬 단풍잎? 은행잎도 있네.”

한별이가 책에 끼워져 있는 단풍나무 잎과 은행나무 잎을 발견하였습니다.

“아~. 여기에 두었지! 작년에 길에서 너무 색이 예뻐서 주웠던 건데 여기에 꽂아 두었어! 와~. 아직도 색깔 참 예쁘다? 그치?”

“응! 그럼 나도 책 읽고 여기다 낙엽 꽂아놓아야지~.”

“칫! 역시 오빤 따라쟁이라니깐! 근데 왜 푸르던 잎이 이렇게 알록달록한 색으로 바뀌게 될까?”

“그거야~. 사람도 계절에 따라 옷을 바꿔 입듯이 식물도 계절에 따라 다른 모습으로 변신하는 게 아니겠어?”

“식물의 변신이라? 그치만 식물은 엽록소를 가지고 있어서 녹색을 내는 거잖아.”

“음…. 그거야 엽록소도 계속 녹색이면 지겨우니까 계절마다 변신하는 거라고!”

가을에 단풍이 드는 이유는 엽록소의 색깔이 변하기 때문이라는 한별이의 말! 맞을까? 틀릴까?

정답

식물은 대개 녹색을 띠는 엽록소라는 색소를 갖고 있어 녹색을 띱니다. 그러나 식물은 녹색 색소인 엽록소만이 아니라, 황색 또는 주황색 색소인 크산토필과 카로틴 또한 갖고 있습니다. 하지만 보통 때에는 크산토필과 카로틴의 양보다 엽록소의 양이 훨씬 많아, 겉으로 보았을 때 녹색으로 보이는 것입니다. 하지만 가을이 되어 기온이 내려가면 식물 잎의 엽록소가 많이 파괴됩니다. 그러면 숨어있던 크산토필과 카로틴이 드러나 노란 단풍이나 주황색 단풍을 만드는 것입니다.

식물의 잎의 단면 구조

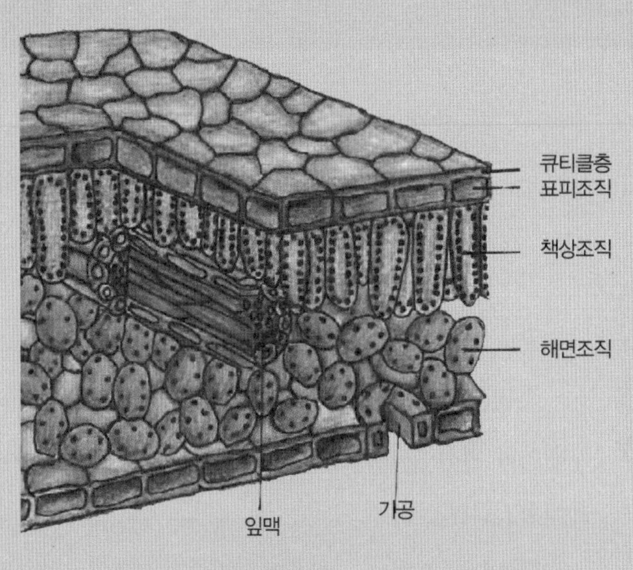

큐티클층 얇고 투명한 층으로 수분 손실 방지

표피조직 식물체의 보호 및 물질의 출입조절

책상조직 엽록체가 가장 많이 분포되어 있어 광합성이 활발히 일어나는 부분

해면조직 빽빽하게 배열되어 있는 책상조직 아래 엉성하게 배열되어 있으며, 엽록체가 있어 광합성이 일어나는 부분

기공 기체의 출입 통로

잎맥 잎 속의 물과 양분의 이동 통로

Section

37 위에서 음식물 속의 영양소가 흡수된다

오늘은 한별이와 은별이의 생일입니다. 다미와 에디, 그리고 은철이와 미선이까지 한별이와 은별이의 생일을 축하해 주기 위해 놀러왔습니다.

"한별아! 은별아! 생일 축하해~."

"나도 정말 축하해~. 이거 받아! 선물이야."

왁자지껄 온 집안 가득한 웃음소리와 어머니가 해 주신 맛있는 먹거리까지…. 오늘은 한별이와 은별이에게 최고의 날입니다.

몇 시간 후 친구들과의 즐거운 생일파티를 끝낸 은별이와 한별이. 간만에 맛있는 음식도 많이 먹어 배가 몹시 부른 모양입니다.

"우와~. 잘 먹었다! 오늘 내가 좋아하는 떡볶이에 치킨에…. 엄마! 아빠! 너무 잘 먹었어요!"

"오빠가 웬일이야~. 그런 인사를 다 할 줄 알고~. 엄마! 아빠! 저도 정말 감사해요!"

"위가 든든한 게 아까 먹은 음식의 영양소가 쑥쑥 흡수되는 느낌이다."

"뭐? 위에서 영양소가 흡수된다고?"

"응! 오늘 영양 보충 제대로 했다!"

"위에서 영양소가 흡수되는 게 아니야! 위에서 소화가 끝나는 게 아니라 더 내려가서 장에서도 소화가 일어나니까, 영양소는 장에서 흡수될거야~."

"아냐! 배가 고프거나 부를 때 가장 민감하게 느껴지는 곳이 위니깐! 위에서 흡수가 이루어지는 것이 분명해!"

생일날에도 어김없이 둘의 논쟁이 시작되었습니다.

위에서 음식물의 영양소가 흡수된다는 한별이의 말! 맞을까? 틀릴까?

정답 [X]

음식물 속에 들어있는 영양소는 위가 아니라 소장에서 흡수됩니다. 보통 우리는 음식물을 소화시키는 소화기관의 대표로 '위'를 꼽지만, 실제로 소화에 더 많은 역할을 하는 곳은 작은 창자인 '소장'입니다.

앞서 우리가 먹은 음식물은 입 → 식도 → 위 → 소장 → 대장 → 항문의 소화경로를 거친다는 것을 배웠습니다. 소장에서는 입, 위에서 미처 소화되지 못한 3대 영양소(탄수화물, 단백질, 지방)를 모두 소화시키게 됩니다. 즉, 음식물이 먼저 통과하는 입과 위에서 완성하지 못한 소화를 최종적으로 완성하는 곳이 바로 소장입니다. 뿐만 아니라 완전히 소화된 영양소를 흡수하는 곳 역시 소장입니다. 소장벽에는 아주 작고 촘촘하게 배열되어 있는 융털이 있는데, 여기에서 바로 영양소의 흡수가 일어납니다.

소장에서의 양분 흡수

융털을 둘러싸고 있는 모세혈관에서는 포도당, 아미노산, 비타민 B · C, 무기염류의 수용성 영양소(물에 잘 녹는 영양소)가 흡수됩니다. 융털의 암죽관에서는 지방산과 글리세롤, 비타민 A · D · E · K의 지용성 영양소(지방에 잘 녹는 영양소)가 흡수됩니다.

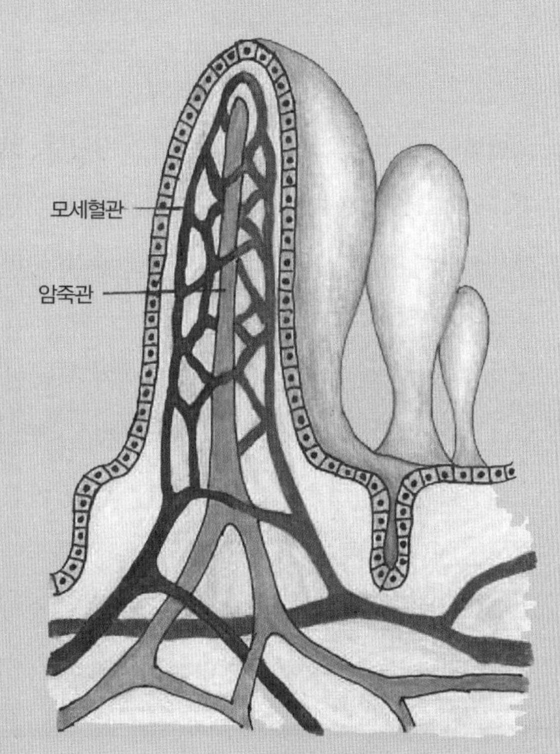

- 융털의 구조 -

Section

38 코감기에 걸리면 맛을 잘 느끼지 못한다

한별이는 요즘 심한 감기로 고생 중입니다. 첫눈이 내렸던 며칠 전, 너무나 들뜬 마음에 외투도 입지 않은 채 밖에 나갔기 때문입니다. 눈싸움을 하고 뛰어다닐 때까지는 즐거웠지만, 그 후의 후유증은 아직까지 계속되고 있습니다.

"콜록콜록! 으아악~. 콧물에 기침까지…. 이번 감기는 보통이 아니다."

한별이의 심한 감기가 걱정이 된 엄마는 마침 따뜻한 미역국을 끓여 오십니다.

"한별아! 이거 따뜻하게 마시렴! 감기에 도움이 될거야."

"후루룩~. 엇! 근데 엄마! 너무 싱거워요!"

"싱겁다고? 간 딱 맞춰서 끓여온 건데."

이 때 옆에서 미역국을 먹고 있던 은별이가 말합니다.

"싱겁긴! 딱 적당하구만~. 엄마! 간 딱 맞게 맛있게 끓여졌어요.

오빠가 이상한거에요."

"어! 난 아무리 먹어도 싱거운데…. 감기 때문에 코가 막혀서 그런가 봐!"

"푸하하! 코가 막혔는데 왜 맛을 못 느껴? 오빠 머리까지 이상해진거 아냐!"

"아냐~. 전에도 그랬어. 꼭 감기가 걸려 코가 막히면 냄새만 잘 못 맡는 게 아니라 음식 맛도 잘 느끼지 못했었다고!"

"아무래도 오빠 머리가 이상해 진 것 같아! 코는 냄새를 맡는 거고! 맛은 혀에서 느끼는 거라고!"

◎ 코감기에 걸리면 맛을 잘 느끼지 못한다는 한별이의 말!
맛을까? 틀릴까?

정답 [O]

맛을 느끼는 감각은 혀의 미각입니다. 하지만 미각만이 아닌 오감* 모두가 혀가 맛을 보는데 영향을 끼칩니다. 특히 후각은 음식의 냄새를 느끼고, 촉각은 음식의 촉감을 느낌으로써 맛을 느끼는데 큰 영향을 미칩니다. 따라서 코감기에 걸려 후각이 둔해지면, 맛에 덜 민감해지는 것입니다.

우리의 오감

시각 빛을 통해 사물을 볼 수 있는 감각

청각 소리를 느끼는 감각

후각 냄새를 맡는 감각

미각 맛을 느끼는 감각

피부감각 아픈 감각과 촉감, 차갑거나 뜨거운 정도를 느끼는 감각

Section

39 겨울에는 여름보다 소변을 더 자주 본다

오늘은 크리스마스 이브입니다. 한별이와 은별이는 크리스마스 트리를 장식하며, 흰 눈이 펑펑 내리기를 기대하고 있습니다. 한별이와 은별이는 크리스마스 날을 너무나 좋아합니다. 맛있는 음식도 많고, 재미있는 영화도 많이 하기 때문입니다. 이번 크리스마스에는 해리포터가 방영된다고 하여 한별이와 은별이 모두 잔뜩 기대중입니다.

"은별아! 얼른 TV 틀어 봐. 해리포터 시작했겠다!"

"아~. 벌써 시작했다!"

둘은 TV 앞에 나란히 앉아 화면에 온 신경을 집중하고 있습니다. 중요한 장면이 나와 잔뜩 기대를 하고 있는 찰나…. 한별이가 투정을 부립니다.

"아~. 이거 참! 지금 한참 재밌고 중요한 장면인데 큰일이네."

"오빠! 조용히 좀 해! 대사가 잘 안 들린다고!"

"우씨~. 그게 아니라 나도 조용히 잘 보고 싶은데…. 소변이 너무 마려워서 참고 있는 중이라고!"

한별이는 소변을 참느라 몸을 비틀고 난리법석을 떱니다. 옆에서 이를 지켜보던 엄마는 소변을 참으면 병이 된다며 빨리 화장실에 다녀오라고 하십니다.

"에잇! 정말 더 이상은 못 참겠다. 얼른 다녀와야지! 여름에는 안 그러는데 왜 겨울에는 이렇게 소변이 자주 마려운 거야!"

"오빠 좀 조용히 갔다 와! 아까 음료수를 그렇게 많이 먹었으니 그렇지, 계절 탓은 왜 한데~."

은별이는 한별이의 말이 어이없다는 듯 말을 합니다.

겨울에는 여름보다 소변을 자주 본다는 한별이의 말!

맞을까? 틀릴까?

정답 [O]

인체의 약 65~70% 정도는 물로 구성되어 있습니다. 그런데 물은 체온 유지와 혈액 구성에 필수적이기 때문에 그 양이 일정하게 유지되어야만 합니다.

우리가 섭취한 물은 대개 땀과 소변으로 배설되게 됩니다. 만약 더운 날씨와 심한 운동으로 땀을 많이 흘린 경우는 소변의 양을 줄이고, 물을 더 많이 섭취하게 됩니다. 반대로 물의 섭취가 많아 몸에 물이 남아 돌 때에는 소변을 통해 여분의 물을 배설하게 되는 것입니다.

그런데 여름과 겨울을 비교했을 경우, 여름에는 더운 날씨에 의해 땀으로 배설되는 물의 양이 많게 됩니다. 그러므로 물의 양을 일정하게 유지하기 위해 소변의 양은 줄어들게 됩니다. 하지만 겨울에는 추운 날씨로 땀으로 배설되는 물의 양이 적으므로, 소변으로 빠져나가는 양이 많은 것입니다.

우리 주변의 환경이 변해도 내 몸은 항상 일정한 상태를 유지하는 것을 '항상성 유지' 라고 합니다. 우리 몸의 항상성 유지에는 대표적으로 물의 양 유지, 체온 유지, 호르몬의 양 조절 등이 있습니다.

Section
40 독감 예방주사는 독감을 낫게 하는 약을 넣는 것이다

한별이네 가족은 지금 모두 병원으로 향하고 있습니다. 온 가족 모두 올 겨울에 찾아 올 독감을 예방하기 위해 예방주사를 맞으러 가는 길이기 때문입니다.

"작년에 무지 아팠는데 올해도 아프겠지?"

"오빤! 무슨 남자가 주사 맞는 걸 나보다 더 무서워하냐!"

"주사 맞는데 남녀가 어딨어! 아픈 건 아픈 거지!"

"하긴 나도 좀 걱정된다."

"너 먼저 맞아라! 난 너 맞는 거 보고 나서 맞을 테니깐!"

"으이구~."

한별이와 은별이는 매년 맞는 예방주사이지만, 이렇게 매번 두려움에 떨게 됩니다.

"으아악! 아파요~. 누나!"

역시나 간호사 누나를 향한 한별이의 목소리! 한별이는 주사를 맞을 때마다 저렇게 크게 소리를 지릅니다. 주사는 아무리 맞아도 아프긴 아픈가 봅니다.

"오빠! 목소리 진짜 커!"

"그럼 아픈 걸 어쩌라고! 하여간 올 겨울도 독감을 이기고 잘 살 수 있겠어! 독감을 낫게 하는 강력한 약을 내 몸 속에 넣었으니!"

"주사 맞은게 약을 넣은 거라고? 아냐! 내가 알기로 예방주사는 우리 몸에 병균을 넣는 거야!"

"독감을 예방하려고 맞는 건데 오히려 병균을 넣는 거라고? 그런 말도 안 되는 말이 어딨어!"

독감 예방주사는 독감을 낫게 하는 약을 넣는 것이라는 한별이의 말! 맞을까? 틀릴까?

정답 [X]

모든 예방주사는 약을 넣는 것이 아니라 몸 속에 소량의 병균을 넣는 것입니다. 예방하기 위한 주사에 오히려 병균을 넣는다는 것이 좀 아이러니 하지요?

우리 몸에는 외부에서 병균이 침입하면 그것에 대항하는 항체라는 물질을 만듭니다. 즉, 항체는 병균과 싸워 우리 몸을 보호하는 기능을 합니다.

신기하게도 우리 몸에서는 한 번 침입한 병균을 기억할 수 있습니다. 즉, 적을 알고 대항하면 적을 이기기 쉽듯이, 다음에 침입할 것에 대비하기 위해 적군을 기억하고 있는 것입니다. 따라서 한 번 침입했었던 병균이 다시 몸에 침입했을 때에는 훨씬 더 많은 양의 항체를 만들게 되어 처음 만났을 때보다 효과적으로 대항하게 됩니다. 그래서 예방주사를 통해 소량의 병균을 미리 주사하게 되면, 우리 몸에서는 이를 기억하게 됩니다. 따라서 다음에 실제로 그 병균이 몸에 침입했을 때 훨씬 효과적으로 이겨낼 수 있는 것입니다.

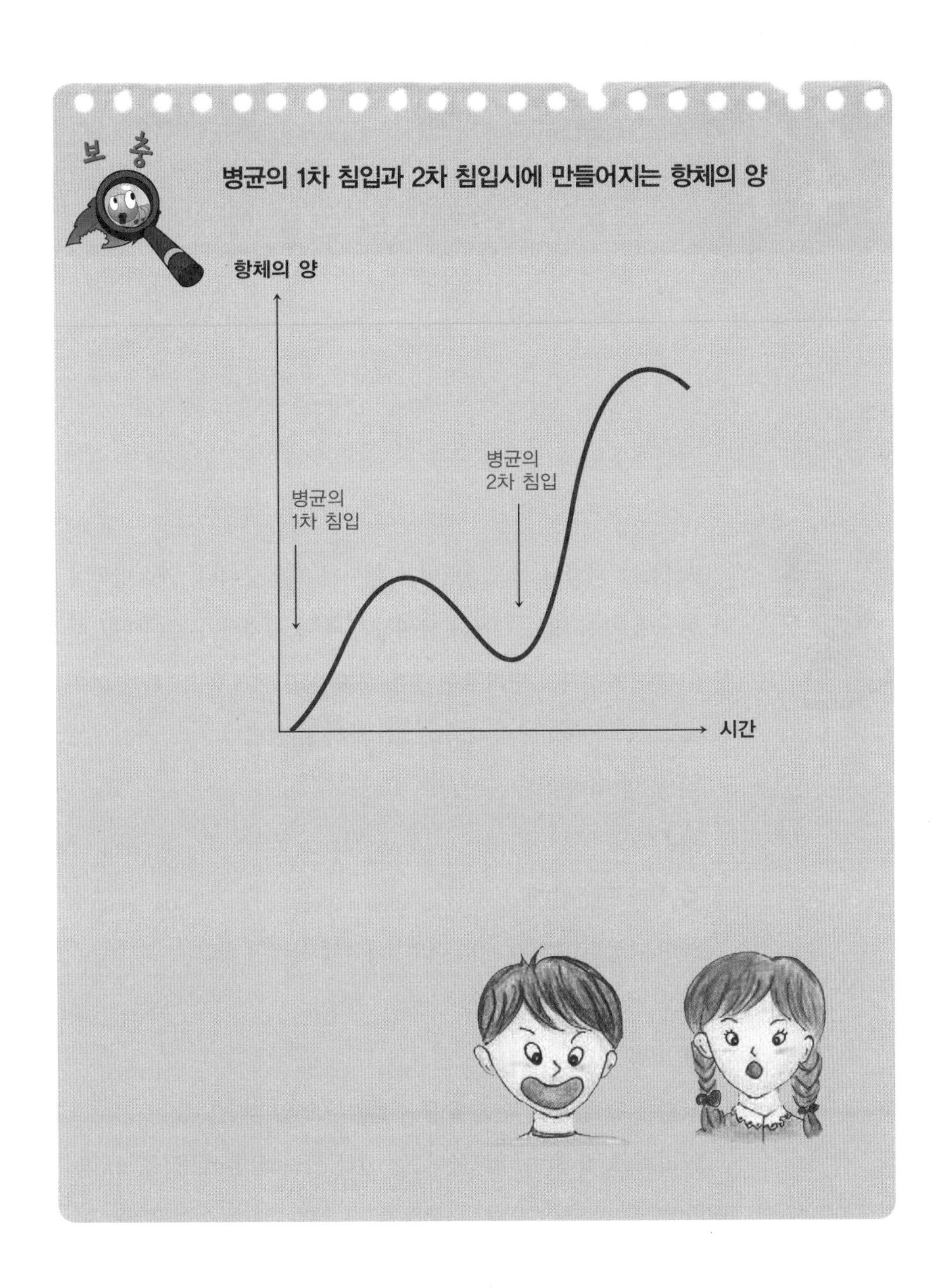
보 충
병균의 1차 침입과 2차 침입시에 만들어지는 항체의 양
항체의 양
병균의
1차 침입
병균의
2차 침입
시간

Section
41 낙타가 뜨거운 사막에서 살 수 있는 이유는 혹 속에 물을 보관하고 있기 때문이다

한별이는 나날이 게으름뱅이가 되어가고 있습니다. 겨울방학이라 학교에 가지 않는 데에다 날씨까지 추워 꼼짝하기 싫어하기 때문입니다. 이것저것 번거로운 일은 하지 않으려고 하고, 하기 싫은 일은 모조리 은별이에게 시키려고만 하니 큰 일입니다.

"나 물 좀 떠다 줘!"

"엥?"

"나 목마르단 말야."

"목이 마르면 오빠가 직접 떠와! 나한테 시키지 말고!"

"나도 낙타였음 좋겠다!"

"웬 낙타?"

"낙타는 등에 있는 혹 속에 물을 보관하고 있잖아."

"낙타의 혹에 물이 들어있다고? 그럼 낙타의 혹이 물 주머니란 애기야?"

"응! 그래서 낙타는 물이 없는 사막에서도 혹 속에 들어있는 물을 조금씩 꺼내 먹으며 견딜 수 있는 거야! 나도 이렇게 귀찮을 때는 낙타처럼 물을 꺼내 먹었음 좋겠다!"

"으이구~. 게으름뱅이!"

은별이는 한별이의 말이 너무나 어이가 없습니다. 그런데 정말로 한별이의 이야기가 맞을까요?

낙타가 물이 없는 사막에서도 견딜 수 있는 이유는 혹 속에 물을 보관하고 있기 때문이라는 한별이의 말! 맞을까? 틀릴까?

정답 [X]

낙타의 혹 속에 물이 들어있다고 생각하는 경우가 많지만, 실제로 혹 속에는 지방이 들어있습니다.

낙타는 며칠 동안 먹이를 먹지 않고도 뜨거운 사막을 건너 짐을 운반할 수 있습니다. 이처럼 며칠 동안 먹지 않고 견딜 수 있는 것은, 혹 속의 지방 덕분입니다. 혹 속의 지방을 분해하여 에너지를 얻기 때문에, 먹이를 먹지 않아도 얼마간 견딜 수 있는 것입니다.

그렇다면 낙타가 뜨거운 사막에서 물을 마시지 않고도 오래 견딜 수 있는 이유는 무엇일까요?

땀을 흘리지 않아 물을 낭비하지 않기 때문입니다. 사람은 체온이 37℃ 이상으로 올라가면 체온 유지를 위해 땀을 흘리게 됩니다. 따라서 사람이 뜨거운 사막에 있게 되면 한 시간에 1~4리터의 물을 잃을 수 있기 때문에 물을 먹지 않으면 탈수 현상으로 생명이 위험해집니다. 그러나 낙타는 체온이 41℃ 이상으로 올라가도 참고 견디어 내며, 땀을 흘리지 않기 때문에 물을 최대한 보존할 수 있습니다.

또 다른 이유는, 낙타는 물을 몸에 많이 보존할 수 있다는 것입니다. 즉, 물을 마실 기회가 왔을 때 잃어버린 물을 보충하기 위해 몸무게의 1/3만큼이나 되는 물을 한 번에 마실 수 있습니다.

Section

42 추우면 몸이 떨리는 것은 체온을 유지하기 위해서이다

은별이는 추위를 무척이나 탑니다. 그래서 겨울이란 계절을 가장 싫어합니다. 오늘도 밖에 나갔다 돌아 온 은별이는 추위에 못 이겨 몸을 덜덜 떨고 있습니다.

"으아악~. 날씨 너무 춥다! 빨리 이불 속으로 들어가야겠다!"

엄마는 추위에 덜덜 떠는 은별이에게 이불을 덮어주십니다.

"이제야 살겠다! 아깐 정말 얼어죽는 줄 알았어."

"이제 살겠냐? 아깐 몸을 바들바들 떨더니…."

한별이는 은별이가 안쓰러운 냥 말을 건넵니다.

"응! 이젠 괜찮아! 근데 오빠! 왜 추우면 나도 모르게 몸이 떨리는걸까?"

"그거야 뭐…. 체온 유지 때문이겠지!"

"체온 유지?"

"응! 우리 사람은 체온을 항상 36.5℃로 유지해야 하잖아!"

"그래 맞아! 그래서 더울 땐 땀을 흘려서 체온을 유지하는 거잖아!"

"그렇듯이 추울 때는 몸을 바들바들 떨어서 체온을 높이는 것이 아닐까 싶은데?"

추울 때 몸을 떠는 것은 체온을 유지하기 위해서라는 한별이의 말! 맞을까? 틀릴까?

정답 [O]

추울 때 몸을 떠는 것은 체온 유지 때문입니다. 우리의 몸은 항상 36.5℃를 유지하기 위해 노력합니다. 추울 때에는 추위를 이기고 36.5℃를 유지하기 위해 애쓰는데, 그 방법 중의 하나가 몸을 떠는 것입니다. 몸의 근육이 떨리게 되면 몸에 열이 발생하기 때문입니다. 따라서 물에서 나왔거나, 추위 때문에 체온을 뺏기게 되었을 때 몸이 바들바들 떨리게 되는 것은 떨어진 체온을 보충하기 위함입니다.

소변을 본 후 약간 몸이 떨리는 것도 마찬가지입니다. 몸에서 소변이 빠져나가면 그만큼 따뜻한 체온이 몸 밖으로 빠져나가는 셈입니다. 따라서 몸에서는 이를 보충하기 위해 근육의 떨림이 발생하는 것입니다.

Section

43 상처난 과일이 더 단맛이 난다

한별이와 은별이가 제일 좋아하는 과일은 귤입니다. 겨울이 춥지만 좋은 이유는, 맛있는 귤을 많이 먹을 수 있는 계절이기 때문입니다. 오늘은 아빠께서 퇴근길에 귤을 사 오셔서 너무나 신나는 날입니다.

"와~. 이거 엄청 달고 맛있는 걸."

은별이는 귤을 맛있게 먹고 있습니다. 그런데 옆에 있는 한별이는 귤을 주무르고, 터뜨리고 떨어뜨리고 굴리고…. 귤을 잔뜩 못살게 굴고 있습니다.

"오빠! 뭐하는 거야! 먹는 걸로 장난치면 못 써!"

"장난치는 거 아냐! 귤을 좀 더 맛있게 먹으려고 작업하는 중이야!"

"무슨 작업?"

"지난번에 귤을 갖고 장난을 치다가 터뜨려서 깨졌는데, 그게 멀쩡한 귤보다 훨씬 달고 맛나더라고! 상처가 나면 과일은 더 맛있어지는 거거든! 그래서 이번에도 더 맛있게 먹으려고 작업하는 중이야!"

"무슨 그런 말도 안 되는 소리! 그건 그냥 우연의 일치일 뿐이야! 과일이나 채소는 겉모습이 예쁜 게 더 신선하고 맛있는 거야."

"기다려! 내가 엄청나게 맛있는 귤로 만들어 줄테니! 기대해!"

한별이는 또다시 귤을 못살게 하는 작업을 시작합니다.

"난 됐어! 그렇게 해서 맛있다 해도 다 터지고 깨져서 먹지도 못하겠다! 오빠 하여간 특이해!"

상처가 난 과일이 더 단맛이 난다는 한별이의 말!
맞을까? 틀릴까?

정답 [○]

한별이의 귤 먹는 방법이 다소 황당하긴 하지만, 그래도 상처가 난 과일이 더 달다는 말은 일리가 있습니다. 이는 바로 식물의 몸에서 만들어지는 '에틸렌'이라는 물질 때문입니다.

에틸렌이라는 식물 호르몬은 과일이 빨리 익도록 도와 주는 물질로, 식물의 몸에 상처가 났을 때 많이 만들어집니다. 그래서 옛날 농부들은 과일이 빨리 익게 하기 위해 아직 익지 않은 과일에 상처를 내곤했다고 합니다. 즉, 사과 한 박스 속에 있는 몇 개의 사과에 상처가 나면 그 사과에서 나오는 에틸렌에 의해 다른 사과가 빨리 익을 수 있기 때문입니다.

과일을 오래 보관하기 위한 방법에는 어떤 것이 있을까요?

에틸렌이 기체 호르몬이라는 성질을 이용할 수 있습니다. 과일을 보관할 때 에틸렌의 양이 많으면 쉽게 과일이 익어 오래 보관하기 어렵습니다. 그래서 과일 보관 공장에서는 흡착제를 사용해 공기 중의 에틸렌을 제거하여 과일을 오래 보관하는 것입니다.

Section

44 우리 몸에서 산소가 가장 많이 필요한 곳은 폐이다

학교에서 돌아온 한별이와 은별이는 배가 몹시 고픕니다. 하지만 엄마가 외출 중이시라 맛있는 것을 해 달라고 말씀드릴 수도 없습니다. 배고픔을 참지 못한 한별이와 은별이는 떡볶이를 직접 해 먹기로 결심합니다. 서투른 솜씨지만 엄마 옆에서 봤던 것을 기억하며 요리를 시작합니다.

"오빠! 고추장 좀 더 넣어~. 야채는 나중에 넣고!"

"이제 떡볶이 떡까지 넣었으니 익히기만 하면 끝이다!"

만화영화를 보며 떡볶이가 다 되기만을 기다리는 한별이와 은별이. 그러던 중 불에 올려놓은 떡볶이는 잊어버리고 만화영화에 열중해 버리고 맙니다. 잠시 후….

"엇! 근데 이게 무슨 냄새지?"

"오빠! 우리 떡볶이!"

TV 보기에 열중하느라 잠깐 떡볶이를 잊고 있던 한별이와 은별이에게 뭔가 일이 생긴 듯 합니다. 결국…. 떡볶이는 후라이팬에 눌러 붙고 다 타버리고 말았습니다.

"으아악~. 우리 떡볶이…."

한별이와 은별이는 잔뜩 기대하던 떡볶이에 실망을 한 후, 환기하기에 정신이 없습니다.

"으아! 질식하는 줄 알았네~. 환기시키니깐 좀 낫다! 떡볶이 해 먹으려다 내 폐만 고생했네."

"오빠! 그게 무슨 소리? 폐가 고생하다니?"

"우리 몸에서 산소가 가장 많이 필요한 곳이 폐 아니냐! 그러니 탄 냄새 때문에 산소가 부족해져서 내 폐가 잠시 고통 받았을 거라고!"

"아냐! 산소가 가장 많이 필요한 곳은 우리의 뇌라고! 하여간 그건 나중에 얘기하고 엄마 오시기 전에 빨리 치우자! 엄청 혼나겠어!"

◎ 우리 몸에서 산소가 가장 많이 필요한 곳이 폐라는 한별이의 말! 맞을까? 틀릴까?

정답 [X]

우리 몸에서 산소는 받아들이고, 이산화탄소는 내보내는 호흡기관이 폐이기 때문에, 폐가 가장 많은 산소를 필요로 한다고 아는 경우가 많습니다. 하지만, 산소를 가장 많이 필요로 하는 기관은 우리의 '뇌' 입니다. 즉, 산소를 처음 받아들이는 곳은 폐이지만, 폐가 받아들인 산소는 산소를 필요로 하는 몸의 각 부분으로 옮겨지게 됩니다. 이 중 뇌는 산소의 공급이 중단되면 8분 내로 크게 손상될 정도로 산소의 필요량이 많은 부분입니다.

우리의 뇌는 어떤 역할을 담당할까요?

우리의 뇌는 크게 다섯 군데로 나눌 수 있으며, 각자 맡은 역할이 다릅니다.

대뇌 고등 정신작용 담당(생각, 기억, 감정, 판단 등)

소뇌 근육 운동 조절, 몸의 균형 유지

중뇌 눈동자의 운동 조절

간뇌 항상성 유지

연수 호흡, 심장박동 등의 기본 생명 활동 조절

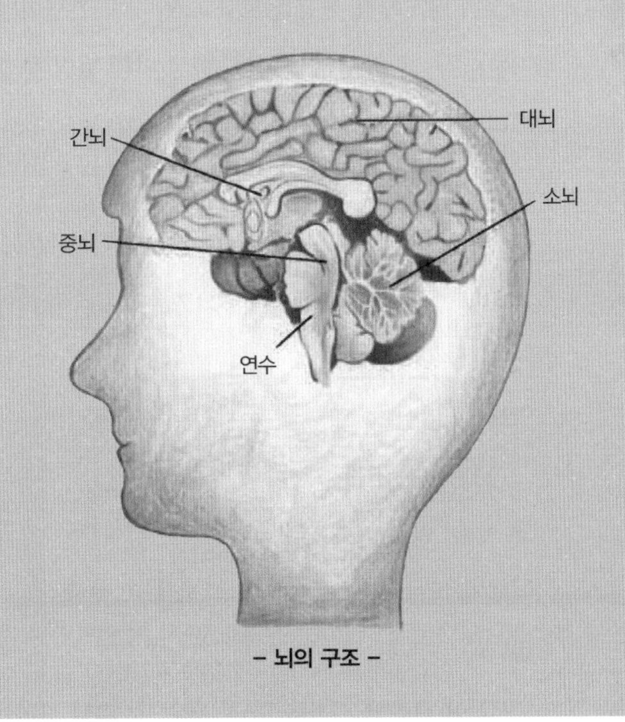

– 뇌의 구조 –

Section

45 맛있는 음식을 먹지 않고 생각만 해도 입에 침이 고인다

내일은 학교에서 시험을 보는 날입니다. 은별이와 한별이는 나란히 앉아 공부를 하고 있습니다. 항상 이쯤 되면 한별이는 그동안 미리미리 공부하지 않을 것을 후회하곤 합니다. 후회하기엔 이미 너무 늦어버렸는데도 말입니다.

"진작에 미리미리 공부해 둘 걸! 할 게 너무 많네."

"그러게 내가 같이 공부 하자고 할 때 미리 했어야지! 오빤 꼭 시험 전날에 후회하더라."

"그러게 말이야. 오늘 밤을 새야겠는걸!"

그리고 한 시간 후….

"으아~. 엄청 배고프다! 피자 먹고 싶어!"

어쩐지 너무 조용히 공부만 하고 있던 한별이가 역시 먼저 말을 꺼냅니다.

"지금 이 시간엔 피자집 다 문 닫았어! 그냥 참아!"

하지만 한별이는 피자 생각이 끊이질 않아 공부에 도저히 집중할 수가 없습니다.

"피자 생각이 계속 나서 입에 자꾸 침이 고여. 정신집중이 안된다고!"

"으이구~. 오빠 역시 참을성이 없다니깐! 그리고 침이 왜 고여? 침은 음식을 먹었을 때만 분비되는 거야! 먹지도 않았는데 어떻게 침이 나와!"

"무슨 소리! 이것봐! 내 입속에 고인 침을…. 먹지 않고 맛있는 음식을 생각만 해도 이렇게 침이 나오는 거라고!"

한별이의 말을 무시하고 그냥 공부에 열중해 버리는 은별이. 한별이도 빨리 피자 생각은 잊고 공부를 해야 할 텐데 큰일입니다.

◎ 음식을 먹지 않고 생각만 해도 입에 침이 고인다는 한별이의 말! 맞을까? 틀릴까?

정답 [O]

음식을 먹지 않고 생각만 해도 입에 침이 고일 수 있습니다.

원래 침은 음식을 먹어야 분비됩니다. 이것은 뇌와 관계없이 선천적으로 일어나는 반사로, '무조건 반사'라고 부릅니다. 그렇지만, 과거에 먹었던 경험이 뇌에 기억되어 그 음식을 생각만 해도 입에 침이 고일 수 있는데, 이것을 '조건 반사'라고 부릅니다. 예를 들어, 한별이의 경우처럼 피자를 먹지 않고 예전에 먹어보았던 맛있던 기억만 떠올렸는데도 입에 침이 고인 것이 바로 '조건 반사'입니다.

파블로프의 조건 반사 실험

예전에 파블로프란 사람이 자신이 기르던 개를 데리고 실험을 했습니다. 우선, 파플로프는 개에게 음식을 주면 침이 분비된다는 것을 발견하였습니다. 이것은 당연한 현상이지요? 그 후로 파블로프는 음식을 주기 직전에 종을 울리고 음식을 주는 것을 반복하였습니다. 이것이 반복되자, 개는 음식을 주지 않고 종만 울려도 침을 분비하였습니다. 이 실험이 바로 '파블로프의 조건 반사 실험' 입니다.

– 파블로프의 조건 반사 실험 –

Section

46 밥을 먹고 난 뒤 바로 뛰면 배가 아픈 것은 음식이 움직여 위에 통증을 주기 때문이다

한별이가 제일 좋아하는 시간은 체육시간입니다. 한별이는 운동신경이 좋아 체육시간만은 자신감이 넘치기 때문입니다. 특히 한별이는 달리기 하나만큼은 반에서 최고입니다. 그렇지만 이렇게 체육을 잘 하는 한별이도 수요일 5교시에 든 체육시간만큼은 그다지 즐겁지만은 않습니다. 왜냐하면 밥을 먹은 후 바로 있는 체육수업이라 조금만 뛰어도 배가 아프기 때문입니다. 그 때문에 이 시간에 하는 달리기에선 한별이의 능력을 다 발휘하지 못합니다.

집으로 돌아온 한별이는 은별이에게 말했습니다.

"은별아! 밥을 먹고 난 후 바로 뛰었을 때 배 아픈 것 경험한적 있지?"

"응! 맞아! 나도 그런 경험 한 적 많아."

"왜 그런 걸까?"

"밥을 먹고 난 후니까, 뱃속에 음식물이 꽉 차 있을 거 아냐. 그럴 때 자꾸 움직이면 음식도 함께 움직이면서 위에 부딪혀서 통증을 주는 것이 아닐까?"

"음식이 통증을 준다면…. 음식이 뱃속에 있을 때는 조금만 움직이더라도 배가 아파야 하잖아!"

"그럼 다른 이유가 뭐가 있지?"

밥을 먹고 난 뒤 바로 뛰면 배가 아픈 것은 음식이 움직이면서 위에 통증을 주기 때문이라는 은별이의 말! 맞을까? 틀릴까?

정답 [X]

밥을 먹고 난 후 운동을 하게 되면 왼쪽 윗배에 통증이 느껴집니다. 이는 음식물이 움직여서가 아니라 바로 우리 몸의 '비장'이라는 기관 때문입니다.

비장은 우리 몸에서 혈액을 저장하고 있는 장소입니다. 몸에 큰 상처가 났다든지, 운동을 하여 혈액이 많이 필요할 때 혈액을 공급해 주는 역할을 담당합니다.

식후에는 위나 장이 혈액을 많이 필요로 하므로, 비장은 위나 장으로 혈액을 많이 보내게 됩니다. 그런데 이 때 운동까지 하게 되면, 비장은 근육으로도 혈액을 많이 보내야 합니다. 그러면 비장은 많은 혈액을 내보내기 위해 수축하게 되는데, 이 때 우리는 통증을 느끼게 되는 것입니다.

비장은 혈액의 저장장소일 뿐만 아니라 혈액 속의 세균을 죽이고, 오래된 적혈구를 파괴시키는 역할도 담당합니다.

Section

47 고래는 가장 큰 어류이다

오늘은 한별이네 가족이 놀이동산에 가기로 한 날입니다. 한별이는 놀이기구를 탈 생각에, 은별이는 처음으로 보게 되는 돌고래 공연에 잔뜩 기대하고 있습니다. 놀이동산에 도착한 후 놀이기구를 실컷 탄 한별이네 가족은 오후가 되어 돌고래 공연을 관람하러 갔습니다.

"우와~. 대단한데!"

"돌고래가 진짜 똑똑하다!"

이것저것 재주를 부리는 돌고래의 모습에 한별이와 은별이는 마냥 신기할 뿐입니다.

"돌고래는 몸집만 가장 큰 물고기인게 아니라, 머리도 좋은 모양이야."

한별이가 돌고래의 재주에 감탄하며 말을 합니다.

"아냐! 오빠! 돌고래는 알을 낳지 않고 새끼를 낳으니깐 물고기가 아니야!"

"물고기니깐 지느러미도 있고 물고기처럼 생겼지!"

"아냐! 겉모습만 그렇지! 새끼를 낳거나 젖을 먹여 기르는 것을 보면 물고기가 아니라고!"

"물고기가 아니라면, 왜 물에서 살겠냐! 육지에서 살아야지!"

놀이공원까지 와도 둘의 의견충돌은 계속됩니다. 하지만 돌고래가 부리는 또다른 재주에 둘의 말다툼은 잠시 중단된 듯합니다. 이번에는 과연 누구의 말이 맞을까요?

고래는 가장 큰 물고기라는 한별이의 말! 맞을까? 틀릴까?

정답 [X]

고래는 물에 살며, 겉모습은 물고기처럼 생겼지만 어류가 아닙니다. 물고기가 속하는 동물인 '어류'는 알을 낳고, 물에서 생활을 하며 아가미로 호흡합니다. 하지만 돌고래는 물에서 생활하긴 하지만, 새끼를 낳아 젖을 먹여 기르며, 폐로 호흡을 하기 때문에 '포유류'에 속합니다.

돌고래가 재주를 부릴 수 있는 이유는 '대뇌'가 발달되었기 때문입니다. 뇌 중에서 '대뇌'는 생각하고 기억하는 것을 담당합니다. 따라서 돌고래는 복잡한 동작일지라도 반복 훈련시키면 재주를 잘 부리는 것입니다.

Section

48 물고기가 유리로 된 어항에 부딪히지 않는 이유는 어항을 보고 피하기 때문이다

한별이와 은별이에게 며칠 전부터 또 다른 가족이 생겼습니다. 다름 아닌 어항 속의 물고기들입니다. 그동안 아빠와 엄마께 어항을 사달라고 졸라왔던 한별이와 은별이의 소원이 드디어 이루어진 것입니다. 둘은 서로 도와가며 잘 키워보기로 약속을 하였습니다. 그 후로 한별이와 은별이는 시간이 날 때마다 어항을 들여다 보며 물고기가 잘 있는지 확인하곤 합니다.

"먹이 줄 시간이야 오빠! 오늘은 오빠가 먹이 주는 날 인거 잊지 않았지?"

"걱정마! 잊지 않았어! 지금 줄거야."

둘은 물고기 키우는 재미에 신이 났습니다.

"물고기가 참 똑똑해! 투명한 어항 벽에 부딪히지 않고 잘도 피해 다니니 말이야!"

"그러게 말이야! 우리 물고기가 시력까지 좋은가 보다!"

"아냐! 은별아! 내가 알기론 물고기는 시력이 나쁜 걸로 알고 있어! 앞을 잘 볼 수가 없다고!"

"아냐! 시력이 나쁘다면 어떻게 어항 벽을 피해 다니겠어!"

"아마 물고기는 시력이 나쁜 대신 다른 감각이 발달해 있을 거야!"

"어항 벽에서 소리가 나는 것도 아니고, 냄새가 나는 것도 아니잖아! 시력 때문이 아니라면 장애물인지 아닌지 판단할 수 없어!"

물고기가 어항 벽에 부딪히지 않는 이유는 어항을 보고 피하기 때문이라는 은별이의 말! 맞을까? 틀릴까?

정답 

어항 속의 물고기는 유리벽에 부딪히지 않고, 자유자재로 잘 움직여 다닙니다. 하지만 이는 물고기가 어항을 볼 수 있기 때문이 아니라, 물고기의 몸에 있는 '옆줄' 때문입니다.

물고기는 청각과 촉각의 중간 역할을 하는 옆줄을 가지고 있습니다. 옆줄은 물고기가 장애물을 사이를 통과할 때, 또는 파도의 흐름에 밀려갈 때 생기는 낮은 진동을 느끼게 해 줍니다. 따라서 물고기는 옆줄을 통해 보이지 않는 먹이감이나 장애물의 위치를 알 수 있습니다.

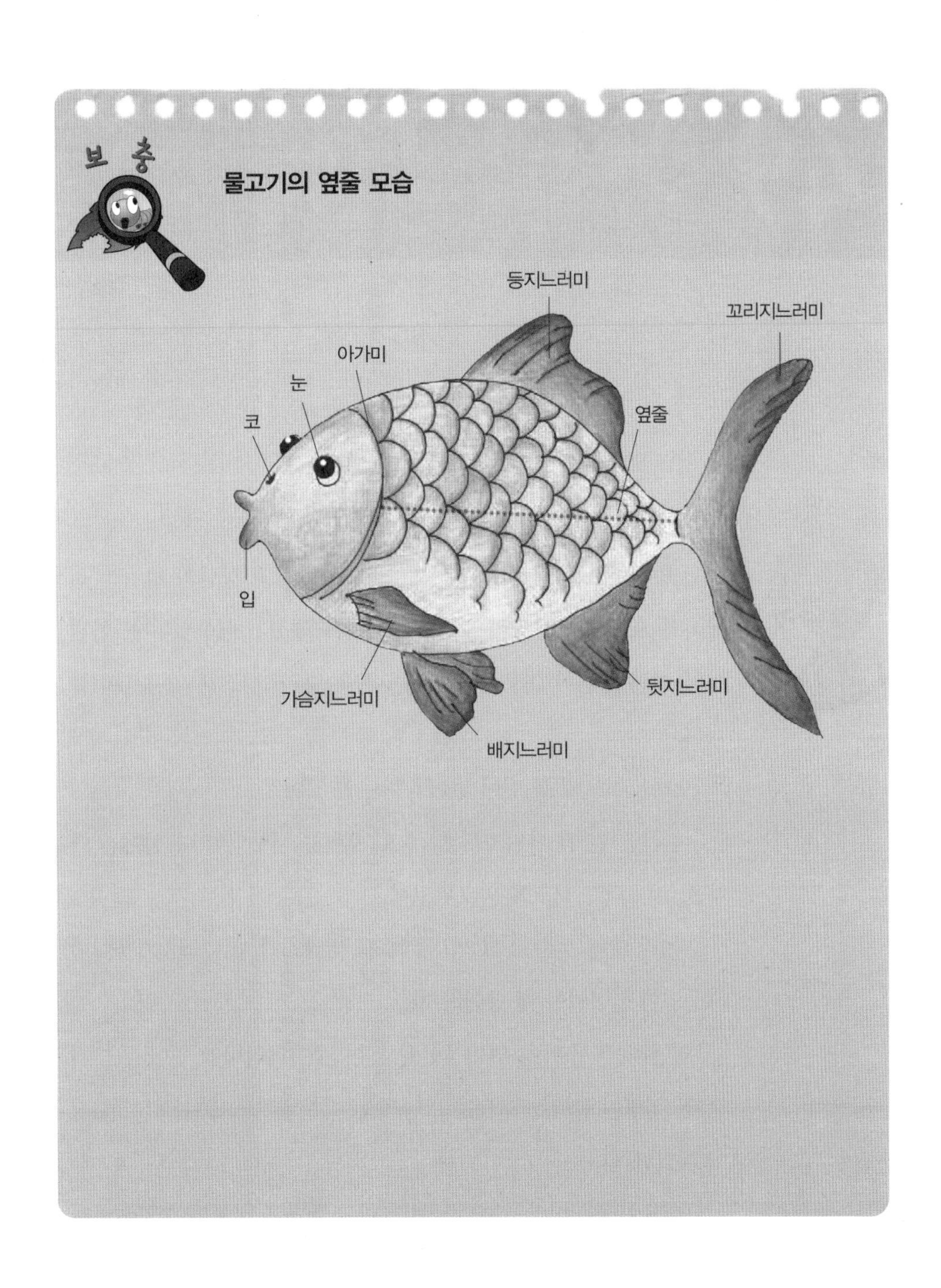
보충
물고기의 옆줄 모습
등지느러미
꼬리지느러미
아가미
눈
코
옆줄
입
가슴지느러미
뒷지느러미
배지느러미

Section

49 겨울에 나뭇잎이 떨어지는 이유는 추위 때문에 잎이 얼어붙기 때문이다

한별이는 요즘 사춘기인가 봅니다. 항상 밝고 장난기 넘치는 한별이가 요즘 들어선 말수도 줄고, 꽤 엄숙해졌기 때문입니다. 한별이의 이런 모습이 적응이 안 되는 은별이가 조심스레 말을 걸어봅니다.

"오빠! 요즘 왜 통 말이 없어? 무슨 일 있어?"

"아니! 그런 건 아니고! 창밖으로 보이는 나뭇잎이 다 떨어진 나무를 보니 나도 모르게 외로워져서."

"뭐야? 오빠 무슨 소설 써! 푸하하! 새삼스레 왜 그래? 겨울이면 나뭇잎이 떨어지는 게 당연하지!"

"당연하긴! 추위에 얼어붙어서 잎이 죽어버리니깐 떨어지는 거잖아! 생명이 끝나는 모습을 보는데 넌 아무렇지도 않냐! 역시 감정이 메말랐군!"

"오빠야 말로 이상해! 크하하! 그리고 겨울에 나뭇잎이 얼어버려서 떨어지는 게 아냐! 나뭇잎은 겨울에 떨어지는 게 아니라 가을부터 떨어지잖아!"

"그렇긴 하지만…. 겨울에는 더 얼어 죽어서 잔뜩 떨어지는 거라고! 불쌍한 나뭇잎…."

한별이의 모습이 웃기기만 한 은별이. 하지만 한별이의 너무나 진지한 모습에 웃음을 참을 수밖에 없습니다.

겨울에 나뭇잎이 떨어지는 이유는 추위 때문에 잎이 얼어붙기 때문이라는 한별이의 말! 맞을까? 틀릴까?

정답 [X]

겨울에 나뭇잎이 떨어지는 것은 나무 내의 물을 보존하기 위해서입니다.

식물의 잎의 기공에서는 물을 증발시키는 증산작용이 일어납니다. 이 때문에 뿌리는 계속해서 물을 흡수하여 물을 잎으로 보내야 합니다. 그런데 겨울이 되면 흙이 얼어붙어 식물의 뿌리가 물을 흡수하기 어려워 식물의 몸에 물을 보존하기가 힘들어집니다. 따라서 물을 최대한 보존하기 위해 잎을 떨어뜨리는 것입니다.

나무가 추운 겨울에도 얼어죽지 않는 이유는 무엇일까요?

나무는 겨울이 되면 몸 속에 당분의 농도를 높입니다. 당분의 농도가 높아지면 식물의 몸의 대부분을 차지하는 물은 어는점(어는 온도)이 낮아지게 되어, 훨씬 추위에 강하게 됩니다. 이것은 바닷물이 보통 물보다 잘 얼지 않는 것과 같은 이치입니다.

Section
50 식물이 꽃가루를 만드는 이유는 벌과 나비를 불러오기 위해서이다

은별이는 요즘 밖으로 외출하기를 꺼려합니다. 요즘은 꽃가루가 한창 날리는 때라, 알레르기가 심한 은별이는 가려움을 참기 매우 힘들기 때문입니다. 외출 할 때마다 마스크를 쓰는 것도 번거롭기 때문에 되도록 외출을 피하고 있습니다. 며칠 째 계속되는 꽃가루 날림에 은별이는 답답함을 호소합니다.

"으악~. 답답해서 밖에 나가고 싶은데 꽃가루 때문에 도저히 못 나가겠다! 뭐 재밌는 일 없나?"

"난 꽃가루 아무렇지도 않은데 왜 넌 그렇게 민감하냐?"

"몰라! 꽃가루 좀 그만 날렸으면 좋겠어!"

"야~! 꽃가루가 꽃한테는 얼마나 소중한 건줄 아냐?"

"나도 그 정도는 알아! 꽃가루가 있어야 벌과 나비를 불러올 수 있잖아!"

"꽃가루 때문에 벌과 나비가 모여 드는 거라고?"

"응! 벌과 나비는 맛있는 꽃가루를 좋아하거든! 즉, 꽃가루는 벌과 나비의 먹이가 되는 거야."

은별이는 꽃에 대해 매우 잘 아는 듯, 차근차근 설명합니다.

"아냐! 내가 알기로 꽃가루는 씨앗을 만드는 것으로 알고 있어!"

한별이도 질 수 없어서 자신이 알고 있는 상식을 이야기합니다. 오늘은 누구의 말이 맞을까요?

식물이 꽃가루를 만드는 이유는 벌과 나비를 불러오기 위해서라는 은별이의 말! 맞을까? 틀릴까?

정답 [✕]

벌과 나비는 꽃이 만드는 향기나 꿀에 의해 모여드는 것이지 꽃가루 때문이 아닙니다. 실제로 식물의 꽃가루는 식물의 씨앗을 만드는 아주 중요한 역할을 담당합니다. 식물에서 씨앗을 만든다는 의미는 자손을 만든다는 것이므로 매우 중요합니다.

식물의 꽃 안에는 수술과 암술이 있고, 수술의 끝부분에서 꽃가루가 만들어집니다. 이 꽃가루는 암술머리에 옮겨져 씨를 만들고 열매가 맺히도록 해 줍니다. 그런데 이 꽃가루는 스스로 암술머리로 옮겨지기 어려워 이를 도와 줄 친구들이 필요합니다. 이 친구들은 바람이나 벌, 나비 등의 곤충, 물, 새 등이 있습니다.

꽃가루가 암술머리로 옮겨갈 때 바람이 도와 주는 꽃을 풍매화라고 합니다. 벌, 나비 등의 곤충이 도와 주면, 충매화! 물이 도와 주면 수매화! 새가 도와 주면 조매화라고 부릅니다.

Section

51 막대 자석을 반으로 쪼개면 각각 (N)극과 (S)극으로 나누어진다

"이 것 봐, 신기하지?"

한별이가 어디서 구했는지 고무로 만든 자석을 가지고 왔습니다. 그 자석은 신기하게도 굽혔다 폈다를 할 수 있습니다. 뿐만 아니라 벽에 붙여 놓고 쇠를 던지면 잘 붙기까지 합니다. 은별이는 신기한 자석을 갖고 있는 한별이가 부러웠습니다.

"오빠, 그거 반으로 나누면 안 될까? 나도 갖고 싶다."

"뭐라구? 말도 안되는 소리를! 이걸 반으로 자르면 어떻게 되겠냐? 한 쪽은 (N)극, 한 쪽은 (S)극이 되면 못쓰게 될 거야."

한별이는 펄쩍 뛰며 말했습니다.

"나누기 싫으면 싫다고 그래! 자석을 나눈다고 극까지 나누어진다니, 말도 안 돼!"

은별이는 한별이 말이 나누기 싫어서 하는 핑계일 뿐이라며 한별이에게 섭섭한 마음을 숨기지 않고 솔직히 말했습니다.

"아니야, 전에도 어떤 자석을 잘랐다가 못쓴 적이 있단 말이야."

한별이도 답답하다는 듯이 자석을 꼭 쥔 채로 은별이를 쳐다봅니다.

◎ 막대 자석을 반으로 쪼개면 각각 (N)극과 (S)극으로 나누어진다는 한별이의 말! 맞을까? 틀릴까?

정답 [✕]

물론 일반적인 물체를 반으로 나누면 그 상태대로 반으로 나뉘는 것이 일반적인 결과입니다. 하지만, 자석은 일반적인 물체와는 다릅니다. 한 번이 아니라 몇 번을 자르든, 자를 때마다 각 조각은 양 끝에 반드시 (N)극과 (S)극이 생깁니다. 자석이란 원래 두 개의 극으로 되어 한 개의 자석을 이루는 것이 아니라, 수많은 작은 자석이 많이 모여 그 안에서 규칙적으로 배열되어 있는 것입니다. 그러므로 자석을 자르면 잘린 자석의 양 끝이 다시 규칙적으로 (N)극과 (S)극으로 나뉘어 새로운 자석이 되는 것입니다.

쇳조각을 끌어당기거나 전류에 작용을 미치는 성질을 '자성'이라 하는데, 이러한 자성을 지닌 물체를 '자석'이라 합니다.

자석은 성질이나 모양 등으로 여러 종류로 나눌 수 있는데, 대표적으로 영구 자석, 전자석, 초전도 자석이 있습니다.

또한 자석은 우리 일상에서도 많이 활용됩니다. 냉장고에 붙이는 스티커, 자석 침대, 건강 기구 등이 그 예입니다.

Section

52 박쥐는 소리를 질러 주변 환경을 알 수 있다

"은별아, 여기 와 봐."

TV를 보던 한별이가 은별이를 급하게 불렀습니다.

"은별아, 박쥐는 동굴에서만 사는 줄 알았잖아! 근데, 저 봐! 가정집에서도 사네."

TV에서는 어느 시골집 주위를 날아다니는 박쥐의 모습이 나오고 있었습니다.

"정말이네, 박쥐는 동굴에서만 사는 줄 알았는데."

은별이도 신기하다는 듯이 TV를 봅니다.

"신기하지? 근데, 동굴은 넓으니까 들어가기가 쉽지만, 저 좁은 굴뚝 사이로 어떻게 들어 가지? 박쥐는 눈이 나쁘다고 하던데."

은별이가 한별이에게 물었습니다.

"아무리 눈이 나빠도 자기 집을 못 찾겠어?"

한별이가 대뜸 은별이 말을 막아섭니다.

"무슨 소리야, 박쥐는 자기가 지른 소리를 듣고 주변 환경을 알 수 있는 거라니까!"

은별이도 한별이의 말을 막습니다.

둘은 절대 물러 설 기세가 아닙니다. 하지만 분명한 건 박쥐는 자유롭게 날아다니며, 자기 집도 잘 찾는다는 것입니다.

박쥐는 소리를 질러 주변 환경을 알 수 있다는 은별이의 말! 맞을까? 틀릴까?

정답 [O]

깜깜한 밤하늘을 날아다니는 식충성 박쥐들은 눈이 대단히 작고, 빛을 겨우 느낄 정도의 시력을 지니고 있습니다. 그러나 사람의 귀에는 들리지 않는 높은 초음파를 입이나 코(관박쥐)로 발사하여 반사되어 오는 신호를 귀(귀 내부의 달팽이관 속털세포)로 받아 이를 분석하여 주변 환경을 알 수 있습니다.

박쥐의 먹이 사냥

박쥐는 초음파를 발사하여 반사되어 오는 신호를 분석하여 연속적으로 곤충을 사냥합니다. 하지만 나방류 중에는 박쥐가 내는 초음파를 알아차리고 박쥐를 피해 수직 낙하하여 박쥐의 공격을 피하는 경우도 있습니다.

Section
53 바람 대신 선풍기로 돛단배의 돛을 밀면 배가 앞으로 나간다

한별이와 은별이가 청개천으로 놀러 갔습니다.

"은별아! 우리 배 만들어서 시합할까?"

한별이가 은근히 은별이에게 시합을 요청해 왔습니다.

은별이가 누구입니까? 결코 한별이에게 지기 싫어하는 여장부 아닙니까?

"지금 나한테 도전하는 거지? 좋아, 한번 해보자구."

둘은 열심히 종이 배를 만들었습니다.

종이배를 청개천에 띄웠습니다. 아니나 다를까? 역시 은별이가 만든 배가 한별이가 만든 배보다 훨씬 빠르게 나가는 것이었습니다.

"크크크, 오빠는 나의 상대가 안 된다!"

은별이가 한별이를 약 올렸습니다.

'어떻게 하면 빨리 갈 수 있을까?'

한별이는 한참 동안 생각하다가 입으로 '후' 하고 불었습니다. 그랬더니, 배가 은별이보다 앞서 나가기 시작했습니다.

"이건 반칙이잖아, 그냥 두고 가게 해야지!"

"언제 우리가 불면 안 된다고 했었냐?"

"그래, 알았어, 그럼 나는 선풍기를 갖다가 틀거다."

"그러시던지."

둘은 그날 청개천에서 즐거운 하루를 보냈답니다.

선풍기를 이용해서 돛을 밀면 그냥 가는 것보다 배가 빨리 갈 수 있다는 은별이의 말! 맞을까? 틀릴까?

얼핏 생각하면 선풍기가 돛을 밀면 배가 앞으로 나갈 것처럼 생각됩니다. 그렇지만 선풍기는 바람을 앞으로 보냈기 때문에 같은 크기의 반대 힘을 받게 됩니다.

쉽게 설명하자면, 앞으로 부는 바람의 크기만큼 선풍기가 뒤로 나가게 되는 힘을 받게 된다는 것입니다.

따라서, 돛단배는 그냥 갈 때보다 더 빨리 가지 않습니다.

작용 – 반작용의 법칙

어떤 물체가 어느 한 방향으로 힘을 받으면 그 반대 방향으로도 같은 크기의 힘을 받습니다. 이것을 작용 – 반작용의 법칙이라고 합니다.

– 로켓의 발사 장면 –

Section

54 수영장의 물의 깊이는 눈에 보이는 깊이보다 깊다

은별이는 수영을 싫어합니다. 물놀이를 싫어하는 것은 아니었지만, 2학년 때 수영을 배우다가 물을 먹은 후로는 수영장에 절대로 가지 않겠다고 다짐했습니다. 그런데 오늘은 수영장에 올 수밖에 없었습니다. 한별이가 자신을 놀렸기 때문입니다.

"에디야! 은별이는 아직 수영을 못한단다. 수영뿐 아니라 물에 들어 가지도 못해요."

이 말에 화가난 은별이는 그만 오늘 수영장에 같이 가겠다고 약속을 해버린 것입니다.

"은별아, 너 정말 수영 못하니?"

같이 간 에디가 물었습니다.

"응. 하지만 물에 들어 가지도 못하는 건 아니야."

"아니긴, 그럼 어서 들어와 봐."

한별이가 수영장 안에서 은별이를 약올리며 말합니다.

은별이는

'그래, 까짓거 들어가지 뭐.'

하고 생각하고 물 가까이로 갔습니다.

은별이가 물 속으로 들어가려고 할 때 한별이가 또 한 마디 합니다.

"잘 들어 와라. 물 속은 보기보다 깊단다."

"뭐, 보기보다 깊다고? 치, 어디 나를 속이려고 그래. 보기보다 얕을 것 같은데…."

수영장 물이 보기보다는 깊다는 한별이의 말! 맞을까? 틀릴까?

정답 []

한별이의 말이 맞습니다. 수영장의 물은 우리가 눈으로 보는 것보다 깊습니다. 물론 직접 들어가 보면 알 수 있습니다.

다음 그림을 보면 쉽게 알 수 있습니다.

우리가 물체를 볼 수 있는 이유는 물체에 비춰진 빛이 반사되어 우리 눈으로 들어오기 때문입니다. 또한 빛은 성질이 다른 물질을 지날 때 경계면에서 진행 방향이 꺾이게 되는데, 이 현상을 '빛의 굴절'이라고 합니다. 빛의 굴절로 인해 물 속의 물체는, 공기 중에서 관찰하는 사람에게는 실제보다 위에 있는 것처럼 보입니다. 따라서 물의 실제 깊이도 보기보다 더 아래에 존재합니다.

물 속에 들어가면 평소보다 뚱뚱해 보이는 것도 같은 이유에서 입니다.

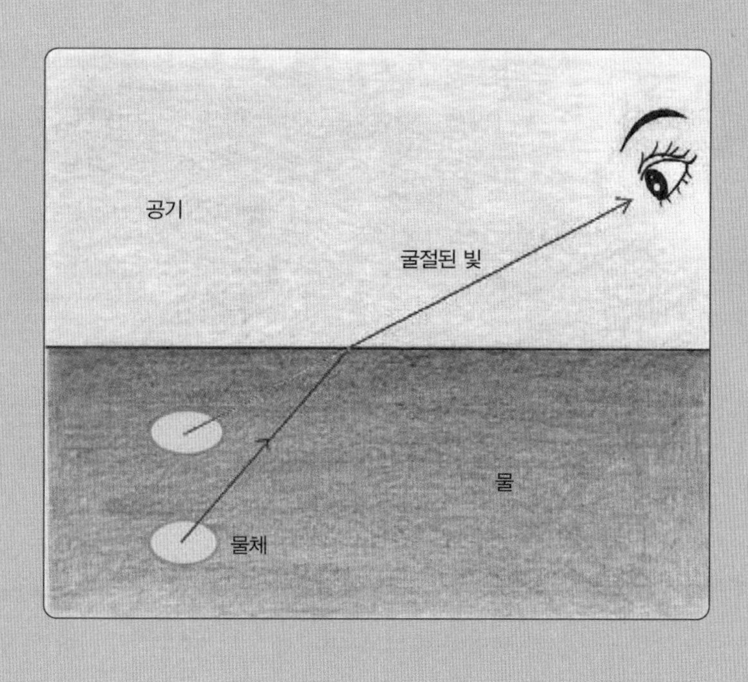

Section

55 달걀을 돌린 후 손가락으로 잠깐 멈추었다가 떼면, 생달걀은 계속 돈다

'은별이 혼자 놀러 간다니….'

한별이는, 은별이 혼자 친구들과 함께 놀이동산으로 놀러 가는 것이 못마땅했습니다. 게다가 엄마도 한별이가 못가는 것이 재미있다는 듯이 웃으십니다.

"너도 같이 가렴!"

한별이도 같이 가고 싶지만 왠지 여자애들이 놀러 가는데 남자 혼자 같이 가는 것이 영 내키지 않기 때문입니다.

마음이야 같이 가고 싶은 생각이 굴뚝같지만 혹시 다른 친구들이 알게 되면 여자애들과 어울린다고 놀릴 게 뻔하기에 참을 수밖에 없습니다.

한별이는 뭔가 장난을 쳐야 한다고 생각했습니다.

순간 은별이 줄려고 삶아 놓은 달걀이 눈에 들어 왔습니다.

'그래, 한번 골탕 먹어 봐라.'

한별이는 삶은 달걀에 생달걀을 섞기로 하고 부엌으로 갔습니다. 그리고 엄마 몰래 생달걀을 가져다 몰래 삶은 달걀에 넣었습니다.

"거기서 뭐하는 거야!"

앗! 옆에 은별이가 그 모습을 본 것입니다.

"엄마! 오빠 보세요."

은별이는 한별이가 한 행동을 엄마에게 모두 말했습니다.

"아니, 너는 오빠가 되어 가지고 동생이 놀러 간다는데 이런 장난을 하면 어떻게 하니? 언제 철들래!"

"엄마, 너무 걱정마세요. 제가 생달걀을 골라낼 수 있어요."

"그래? 어떻게?"

은별이는 싱긋이 웃으면서 달걀을 눕힌 다음 돌립니다.

과연 은별이는 어떤 방법으로 생달걀을 골라내려는 것일까요?

은별이는 달걀을 돌린 후 손가락으로 잠깐 멈추었다가 떼면, 생달걀은 다시 돈다고 생각하고 이런 방법을 쓰고 있군요. 과연 은별이의 생각이 맞을까? 틀릴까?

정답 [O]

생달걀은 잡아서 멈추어도 외부만 멈추고, 달걀 내부의 액체물질은 계속 회전합니다. 따라서 바로 손가락을 떼면, 다시 전체가 천천히 돌게 됩니다. 그러나 삶은 달걀은 내부까지 고체상태이기 때문에 잡아서 멈추면, 외부와 내부 전체가 멈추게 됩니다. 따라서 바로 손가락을 떼더라도 달걀은 더 이상 돌지 않습니다. 이것은 '관성의 법칙' 때문입니다.

관성의 법칙

관성이란 원래의 상태를 그대로 유지하려는 성질을 말합니다.

관성의 법칙은 '뉴턴의 제 1법칙'이라고도 합니다. 외부에서 힘이 가해지지 않는 한 모든 물체는 자기의 상태를 그대로 유지하려고 합니다. 즉, 정지한 물체는 영원히 정지한 채로 있으려고 하며 운동하던 물체는 영원히 등속직선운동을 하려고 합니다. 즉, 속력과 방향이 변하지 않습니다. 이것을 '관성의 법칙'이라고 합니다.

Section

56 목욕탕 물은 위보다 아래가 더 뜨겁다

한별이가 아빠와 목욕을 하러 동네 목욕탕에 갔습니다. 목욕탕에는 몇 사람 있지 않았습니다. 몇 년 전까지만 하더라도 엄마와 은별이와 같이 여탕에 갔었는데, 초등학교 1학년 이후로는 이렇게 아빠랑 남탕에 옵니다.

"어, 에디도 와 있네."

"한별아, 안녕!"

한별이는 그나마 에디가 있어서 다행이라고 생각합니다. 왜냐하면 한별이는 목욕보다도 물장난 하는 것이 더 좋기 때문입니다. 대강 목욕하고 에디랑 물장난을 할 생각에 콧노래가 절로 나옵니다.

"한별아, 우리 빨리 샤워하고 탕에 들어가 보자."

에디가 한별이에게 말했습니다.

"엉? 그래."

한별이는 에디의 말에 대답했지만, 사실은 걱정입니다.

아직까지 한 번도 탕에 들어가 보지 않았기 때문입니다.

그래서 한별이는 에디 몰래 슬쩍 탕에 발을 담궈 보았습니다.

'으아악~! 이거 뭐야 엄청 뜨겁잖아. 큰일 났네, 위가 이 정도면 탕 속은 얼마나 뜨거울까?'

한별이는 이제 큰일 났습니다.

한별이는 탕 위쪽보다 아래가 더 뜨거울 거라고 생각합니다. 맞을까? 틀릴까?

정답 [X]

뜨거운 물이 물 속에서 나오기 때문에 아래가 더 뜨겁다고 생각하기 쉽습니다. 하지만 이내 위쪽이 뜨거워집니다. 이유가 무엇일까요? 우선 물이 뜨거워지면 물의 부피가 늘어납니다. 그러면 뜨겁지 않은 같은 부피의 물보다 가벼워져 위로 올라 가게 됩니다. 이러한 현상을 '대류 현상'이라고 합니다.

대류 현상이란 기체나 액체에서, 열이 전달되는 현상입니다. 기체나 액체가 부분적으로 가열되면, 가열된 부분은 밀도가 작아져 위로 올라갑니다. 반면 위에 있던 밀도가 큰 부분은 아래로 내려오게 되는데, 그 결과 기체나 액체는 전체적으로 온도가 비슷해집니다.

밀도 어떤 물질의 단위 부피에 해당하는 질량(물의 밀도는 1g/㎤)

Section

57 산에 올라가면 태양과 가까워지므로 온도가 더 높다

"산위에서 부는 바람 시원한 바람~. 은별아, 뭐하냐? 빨리 올라와!"

한별이는 모처럼 산에 오르는 것이 신이 났는지 뛰다시피하며 산을 올라갑니다.

"오빠! 같이 가야지. 어휴 숨 차."

은별이는 앞서 가는 한별이가 못내 서운한가 봅니다. 그렇다고 한별이에게 질 수는 없습니다.

"야, 은별이가 나보다 못하는 것도 있네. 크크크."

한참 아래에서 은별이가 땀을 뻘뻘 흘리며 올라오는 모습을 보니 한별이가 약간 미안한 마음이 들었는지 가던 걸음을 멈추고 나무아래에 앉았습니다.

"휴~!"

잠시 후 은별이가 긴 한숨을 내 쉬며 옆에 와 앉습니다.

"은별아, 힘드니? 아휴, 저 땀 좀 봐."

그래도 오빠라고 은별이의 땀을 닦아줍니다.

"덥지? 그런데, 사람들은 왜 등산을 하는지 몰라. 이렇게 위로 올라오니까 더 덥기만 한데 말이야."

"오빠, 더운 건 우리가 등산을 했기 때문이야, 사실은 저 아래가 여기보다 더 온도가 높아."

은별이가 숨을 헐떡이면서 말을 합니다.

"야, 너는 이렇게 땀을 흘리면서도 그런 말을 하냐? 상식적으로 생각해 봐라. 우리가 더운 건 태양 때문이잖아. 위로 올라오면 그만큼 태양에 가까워지는 것이니까 더 덥지!"

한별이가 땀을 닦으며 은별이에게 말합니다.

산 위로 올라가면 태양과 가까워지기 때문에 평지보다 덥다는 한별이의 말! 맞을까? 틀릴까?

정답

지상에서 위로 올라갈수록 기온은 내려갑니다. 계절이나 지역 등에 다라 다르긴 하지만 일반적으로 100m마다 0.6℃씩 온도가 내려간다고 합니다.
따라서 위로 올라갈수록 기온이 높아질 거라는 한별이의 말은 틀립니다.

한라산을 예로 들면, 산 꼭대기까지 1950m이므로 평지가 13℃일 경우 산 꼭대기의 기온은 0.6×19.5 =11.7℃가 내려간 1.3℃ 정도 되는 것입니다.

Section

58 공을 차면 공은 날아가는 방향으로 힘을 받는다

"골, 골, 골입니다!"

"와!"

"드디어 우리 나라가 월드컵 사상 처음으로 원정 경기에서 16강에 들었습니다. 국민 여러분 기뻐해 주십시오."

한별이와 은별이도 축구를 보며 기뻐했습니다.

"특히, 골키퍼 정성룡 선수, 정말 잘 하고 있습니다. 공도 멀리 차지 않습니까? 상대편 진영으로 갈수록 더 강하게 날아가는 것 같군요."

아나운서의 말을 듣고 있던 은별이가 말합니다.

"저건 틀린 말이야. 공이 어떻게 날아가며 더 빨라질 수가 있냐? 그치?"

"왜! 처음에 세게 차면 갈수록 빨라질 수도 있지. 넌 보면서도 모르냐?"

한별이가 확신이 있다는 듯이 은별이에게 말했습니다.

◎ 한별이는 공을 차면, 공은 날아가는 방향으로 힘을 받는다고 생각하고 있군요! 과연 한별이의 생각이 맞을까? 틀릴까?

정답

일반적으로 힘의 방향과 운동방향이 같다고 생각하는 친구들이 많습니다. 하지만 이것은 잘못된 생각입니다. 축구공을 처음 찰 때는 분명히 날아가는 방향으로 힘을 받습니다. 하지만 물체가 운동하는 동안 물체에는 중력이 계속 작용하기 때문에, 어느 순간부터 공은 아래로 떨어지고, 속력은 빨라집니다. 이는 운동방향과 힘의 방향이 반드시 같지는 않다는 증거입니다.

힘이란 물체의 운동을 일으키기도 하고 방해하기도 합니다. 그림은 비스듬히 올려 찬 공의 운동을 나타낸 것입니다. 공이 위로 올라갈 때는 속력이 줄어들고, 떨어질 때는 속력이 증가합니다.

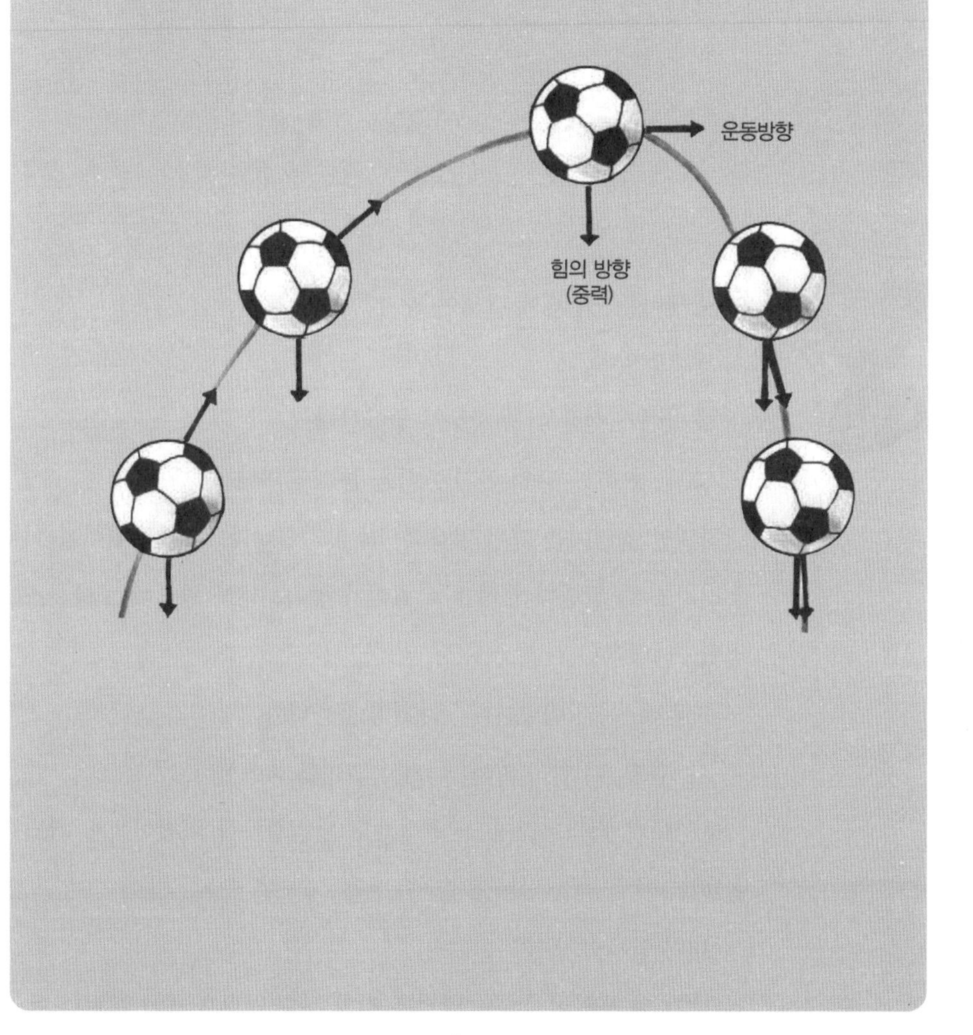

Section

59 밤말은 쥐가 듣고 낮말은 새가 듣는다

"은별아! 우리 반에 호영이 알지?"

"응, 잘 알지."

"호영이가 실은 너 무지무지 좋아한데."

"그래, 호호호, 나의 인기는 식을 줄 모른다니까."

하지만 호영이는 그런 말을 한 적이 없습니다. 그냥 은별이를 약올리려고 한 말인데 오히려 은별이가 좋아하니까 한별이는 당황스러웠습니다.

"그런데, 이거 비밀이다." 라고 말했습니다.

"야, 한별, 너 이리 와봐! 내가 은별이를 좋아한다고?"

호영이가 씩씩거리며, 당장이라도 달려들듯이 한별이에게 다가옵니다.

"내가 언제 그랬어?"

"내가 다 들었어, 너는 '밤말은 쥐가 듣고 낮말은 새가 듣는다' 는 말도 몰라?"

"몰라!"

"뭐야?"

한별이는 성이 나서 씩씩거리는 호영이를 보면서도 밤말은 쥐가 듣고 낮말은 새가 듣는다는 말이 진짜 맞을지 궁금했습니다.

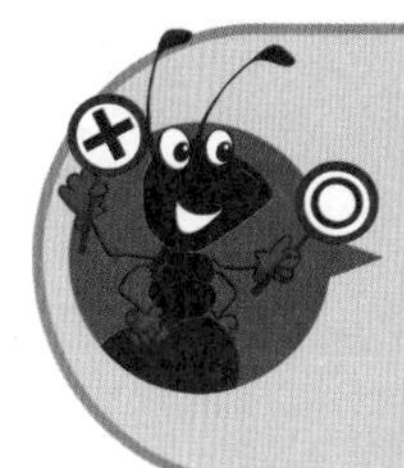

절대로 거짓말을 하거나 없는 말을 퍼트려선 안되겠지요. 아무튼 밤말은 쥐가 듣고 낮말은 새가 듣는다는 말! 맞을까? 틀릴까?

정답 [O]

먼저 소리가 어떤 방법으로 전달되는지를 알아야 합니다. 소리도 하나의 파동*이라고 할 수 있습니다. 즉, 소리가 전달되려면 매질*이 있어야 하는데, 바로 공기가 매질입니다. 그런데 낮에는 공기가 상하로 잘 움직이므로 위쪽으로 소리가 잘 전달됩니다. 반대로 밤에는 공기가 위로는 잘 움직이지 않고 좌우로 많이 움직입니다. 그렇기 때문에 낮에는 하늘에 있는 새가 밤에는 땅에 있는 쥐가 소리를 잘 듣는다는 말은 맞는 말입니다.

파동 공간의 한 점에 생긴 물리적인 상태의 변화가 차츰 둘레에 퍼져 가는 현상. 수면(水面)에 생기는 파문이나 음파, 빛 따위를 이름.

매질 물체와 물체 사이에 작용하는 힘이 가까이 있는 공간에 차례로 힘을 미쳐 멀리 도달할 때, 공간 내에서 작용을 전달하는 물질 또는 그 공간

Section

60 철봉을 속이 꽉 찬 철근으로 만들면 더 강하다

체육시간입니다. 한별이가 열심히 철봉을 하고 있습니다. 옆에는 영환이가 낑낑거리며 턱걸이를 하고 있습니다.

영환이의 모습을 보고 한별이가 한마디 합니다.

"야, 너는 철봉에 매달리지마."

"왜?"

"철봉 부러지잖아. 크크크!"

주위에 있던 아이들도 소리 내어 웃습니다.

영환이는 그만 울상이 되고 말았습니다.

한별이도 우는 영환이를 보자 미안한 마음이 들었습니다.

자신의 장난이 남에게는 큰 피해가 될 수 있다는 것도 깨달았습니다.

문득, 영환이처럼 뚱뚱한 사람 여럿이서 철봉에 매달린다면 어떻게 될 것인지 궁금했습니다.

아마 영환이 같은 친구가 셋만 철봉에 매달려도 철봉이 휘어질 것 같은 생각이 들었습니다.

그래서 철봉을 자세히 관찰해 보고는 깜짝 놀랐습니다. 속이 꽉 차 있을 줄 알았던 철봉의 한가운데가 텅 비어 있는 것이 아니겠습니까?

한별이는 '영환이처럼 몸무게가 많이 나가는 아이들을 위해서라도 철을 아끼지 말고 속이 꽉 찬 철근으로 만들지.' 하는 생각을 하였습니다.

친구의 약점을 약 올리는 것은 옳지 않습니다. 늦게나마 한별이가 깨달은 것은 그나마 다행이네요. 아무튼, 한별이의 생각처럼 철봉을 속이 꽉 찬 철근으로 만들면 더 강하다. 맞을까? 틀릴까?

정답 

여러분 중에는 철근을 아끼기 위해서 철봉 속이 비어 있다고 생각하는 사람이 있을지 모릅니다. 하지만 그것은 틀린 생각입니다. 만약 철봉 속이 쇠로 가득차 있다면 비어 있을 때보다 무거워 오히려 더 잘 휘어지게 됩니다. 속이 비어 있으면 잘 휘어지지 않습니다. 그래서 놀이터의 철봉이나 정글짐, 구름다리 등은 속이 비어 있는 강철로 만드는 것입니다.

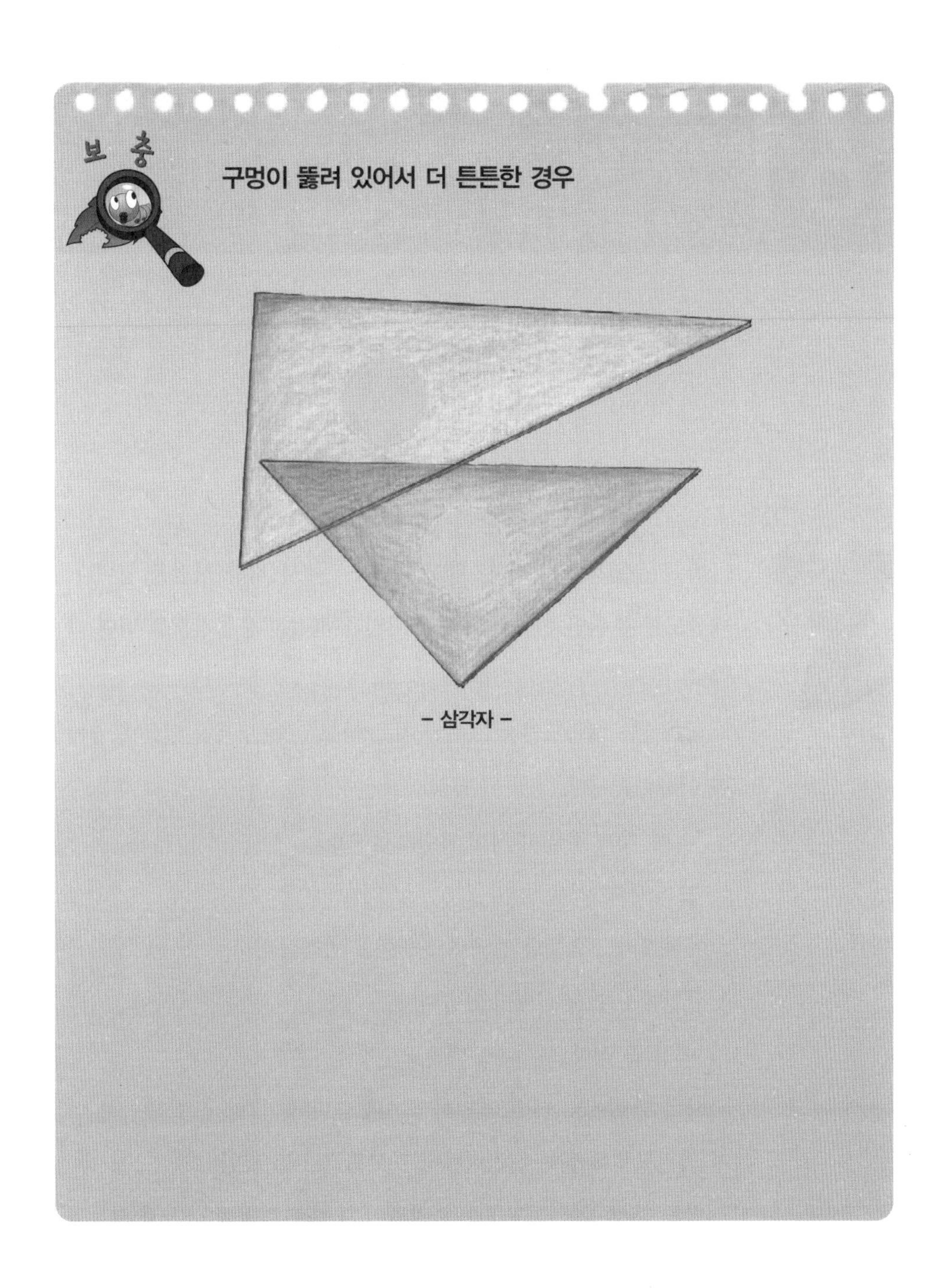

– 삼각자 –

Section

61 벽돌을 격파할 때 벽돌을 격파하는 힘은 벽돌이 되돌려주는 힘보다 크다

학교 운동회 날입니다. 학교 태권도부에서 격파 시범을 합니다. 태권도부 부원인 은별이도 격파 시범을 하려고 운동장으로 뛰어 갔습니다.

머리에는 태극모양이 그려진 띠를 하고 하얀 도복을 입은 모습이 잘 어울렸습니다.

"여보, 우리 은별이 정말 자랑스럽지요."

"그러게요! 하하."

아빠께서도 흐뭇한 얼굴로 은별이를 바라봅니다.

한별이는 괜히 심술이 났습니다.

'이럴 줄 알았으면 나도 태권도부에 들 걸.'

사실 한별이도 태권도를 하고 싶었습니다. 그런데, 은별이가 먼저 태권도부에 들어가는 바람에 기회를 놓쳤던 것입니다.

벽돌 다섯 장을 태권도부 부원들이 차례로 격파해 나가기 시작했습니다.

구경하고 있던 가족들이 오히려 떨렸습니다. 드디어 은별이가 격파해야 할 순간입니다.

"얍!"

힘찬 기압 소리와 함께 벽돌을 내리친 순간, 벽돌 다섯 장이 모두 박살이 났습니다.

한별이는 샘이 나기도 했지만 은별이가 참 자랑스러웠습니다.

한별이는 특유의 호기심이 또 발동하기 시작하였습니다.

"아빠! 저렇게 격파가 되면 손도 무척 아프겠지요?"

"그럼, 아프지."

"그런데, 벽돌이 깨질 때 받는 힘과 은별이가 내리친 힘 중에서 어느 것이 더 커요?"

"글쎄…, 벽돌이 깨져야 하니까 은별이의 힘이 더 세지 않을까?"

"아니에요. 격파하는 데 드는 힘만큼 벽돌이 되돌려 준 힘은 똑같지 않을까요?"

엄마께서는 다른 의견을 내 놓으십니다.

벽돌을 격파할 때 벽돌을 격파하는 힘은 벽돌이 되돌려주는 힘보다 크다는 아빠의 말! 맞을까? 틀릴까?

정답

아빠의 말씀이 틀리기도 하는군요. 격파하는데 드는 힘이나 벽돌이 되돌려 주는 힘은 같습니다. 물론 깨지는데 힘이 사용되므로 되돌려 주는 힘은 생각보다 그렇게 많지 않습니다. 오히려 깨지지 않았을 때가 벽돌을 깨는데 힘을 쓰지 못했기 때문에, 깼을 때보다 돌아오는 힘이 더 커서 손이 더 아프기도 합니다.

작용 – 반작용이란 무엇일까요?

어떤 물체 A가 다른 물체 B에 힘을 작용하면 B도 A쪽으로 똑같은 힘을 작용합니다. 이것을 '작용 – 반작용'이라고 합니다. 이와 같은 현상을 법칙으로 만든 사람이 뉴턴입니다. 그래서 이것을 '뉴턴의 제 3 법칙'이라고도 합니다.

Section
62 새도 전깃줄에서 감전되어 죽을 수도 있다

한별이가 TV를 보고 있습니다.

"다음 뉴스입니다. 어제 풍경 마을에 발생한 정전 사고는 참새가 전깃줄에 잘못 앉아 전기 합선이 일어난 것으로 밝혀졌습니다. 이로 인해 마을 전체가 정전이 되어 주민들이 큰 불편을 겪었습니다."

한별이가 뉴스를 듣다가 은별이를 부릅니다.

"은별아! 이리 와 봐! 참새가 감전되어 죽었대!"

"뭐라구? 말도 안되는 소리를! 새들은 맨날 전깃줄에 앉아 있는데, 전깃줄에 앉은 새들이 죽는다면 새들이 어떻게 전깃줄에 앉아 있겠니?"

은별이가 한별이를 한심하다는 듯이 쳐다보며 말합니다.

"그런가? 아냐, 방금 뉴스에 나왔다니까! 정말 미치겠네."

한별이는 분명히 뉴스에 나왔지만 은별이의 말이 맞는 것 같기도 합니다.

새가 전깃줄에서 감전되어 죽을 수도 있다는 뉴스! 맞을까? 틀릴까?

정답 [O]

감전은 몸에 다른 전압*이 발생할 때, 즉 전압의 차가 생길 때 발생합니다. 그런데 새들은 대개 하나의 전깃줄에 두 다리를 함께 올려 놓으므로 전압의 차가 생기지 않습니다. 그렇기 때문에 새들은 전깃줄에 앉아 있어도 감전이 되지 않습니다.

그렇지만 아주 드물게 감전이 되기도 하는 것은 왜일까요?

답은 간단합니다. 드물지만 새의 두 다리가 다른 전선에 있게 되면 감전이 될 수도 있습니다.

전압 물이 높은 곳에서 낮은 곳으로 흐를 때 생기는 수압의 힘처럼 높은 곳에서 낮은 곳으로 이동하는 전기의 차이

낮은 곳보다 높은 곳에서 떨어지는 물이 더 많은 에너지를 갖고 있듯이, 전압이 클수록 더 많은 전기에너지를 갖고 있습니다. 그리고 높이 차이가 없으면 물이 흐르지 않듯이, 전압이 0이라면 전류가 흐르지 않습니다.

Section

63 유리컵을 두드려 높은 음이 나게 하려면 물을 가득 채우면 된다

한별이가 친구들과 모여 놉니다.

"우리 악기 놀이 하자!"

한별이는 부엌에서 사용하는 도구들을 이용하여 악기를 만들어 보려고 합니다.

먼저 도마는 얼마 전 TV에서 보았던 난타에서처럼 두드리는데 사용할 생각입니다. 냄비 뚜껑 2개를 이용하여 심벌즈로 사용할 생각입니다.

이제 멜로디만 만들면 근사한 악단이 될 것 같습니다.

'옳지! 유리컵을 이용하는 거야.'

한별이는 물컵에 물의 높이를 다르게 해서 음을 만들던 생각이 났습니다.

그래서 물컵을 8개 놓고 물을 부었습니다.

그런데, 물을 가득 부어야 높은 소리가 나는지, 조금 부어야 하는

지 도무지 생각이 나지 않았습니다.

할 수 없이 은별이를 불렀습니다.

"은별아! 도와줘!"

"뭔데?"

은별이가 부엌으로 들어오며 물었습니다.

한별이는 궁금한 것을 은별이에게 말했습니다.

"글쎄, 나도 잘 모르겠는 걸. 우리 한번 직접 넣어보면서 확인 해 보자."

"아, 그러면 되겠구나. 역시 은별이는 똑똑해."

"아니야, 오빠가 더 똑똑하지."

모처럼 둘은 싸우지 않고 사이좋게 웃었습니다.

유리컵을 두드려 높은 음이 나게 하려면 물을 가득 채우면 된다. 맞을까? 틀릴까?

정답 [X]

컵에 물을 많이 넣을수록 낮은 소리가 나고, 컵에 물을 조금 넣을수록 높은 소리가 납니다.

컵을 두드리면, 컵 안의 공기가 진동하면서 컵과 부딪혀 소리가 납니다. 그런데 물의 양이 많으면 유리컵이 진동하기 어려워 낮은 소리가 나고, 물의 양이 적으면 진동이 잘 일어나 높은 소리가 납니다.

음파의 이용

바다 깊숙한 곳에 다니는 물고기를 어떻게 잡을 수 있을까요? 음파를 이용해 만든 어군탐지기를 이용할 수 있습니다.

배에서 음파를 바다로 보내면 바다의 지면에 음파가 닿은 후 반사되게 되는데 이를 이용해 물고기의 이동을 파악할 수 있습니다.

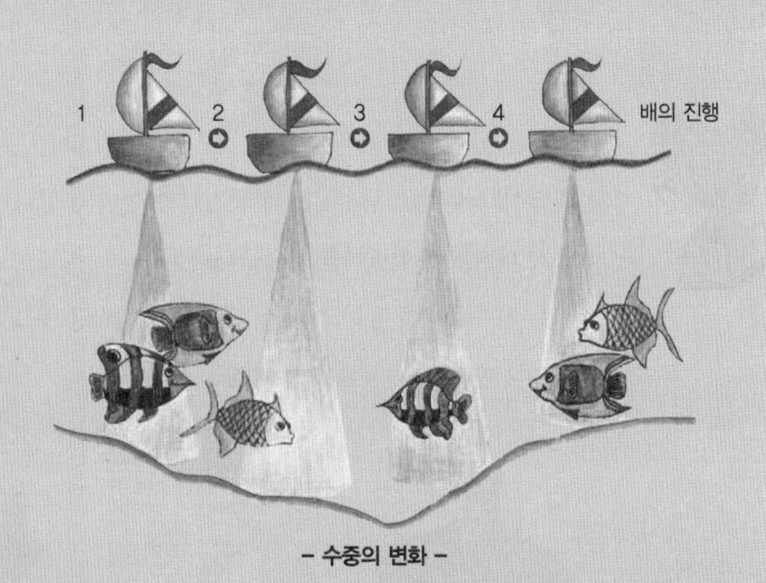

– 수중의 변화 –

Section

64 지레를 이용하면 무조건 힘이 덜 든다

"은별아, 이것 좀 도와 줘!"

한별이가 무거운 생수통을 끙끙거리며 들어 올립니다. 은별이도 급하게 다가가서 한별이를 도와줍니다.

겨우 생수대까지 올리고 나니, 은별이가 심술을 부립니다.

"뭐야! 이것도 하나 들지 못해 끙끙 거려?"

“무거우니까 그렇지!”

“무거우면 머리를 써야지. 이걸 무식하게 그냥 끌고 오니까 그렇지. 저기 있는 지렛대를 이용했으면 쉽게 올릴 수 있었을텐데….”

“지렛대라고 해서 무조건 힘이 덜 드냐?”

“그럼, 힘이 더 드는 지렛대도 있냐? 공부 좀 해라.”

은별이가 한별이를 한심하다는 듯이 쳐다보며 말합니다.

한별이도 은별이의 말을 듣고는 고개만 갸우뚱거릴뿐 아무말도 하지 못합니다.

지렛대를 이용하면 무조건 힘이 덜 든다는 은별이의 생각이 맞는 듯하기도 하고 틀리는 듯하기도 하고…, 과연 은별이의 생각은 맞을까? 틀릴까?

정답 [X]

대부분의 경우 지레를 이용하면 힘이 덜 듭니다. 하지만 모든 경우에 힘이 덜 드는 것은 아닙니다. 오히려 지레를 이용하면 힘이 더 드는 경우도 있습니다. 힘이 덜 든다고 생각하는 것은 받침점에서 힘점까지의 길이가 받침점에서 작용점까지의 길이보다 더 길 경우가 대부분이기 때문입니다. 받침점에서 작용점까지의 길이가 받침점에서 힘점까지의 거리보다 길면 오히려 힘이 더 들게 됩니다. 가장 대표적인 예로 낚시대가 있습니다. 손목을 조금만 움직여도 멀리까지 가지만(이동거리에 이득) 힘은 더 들게 되는 것입니다.

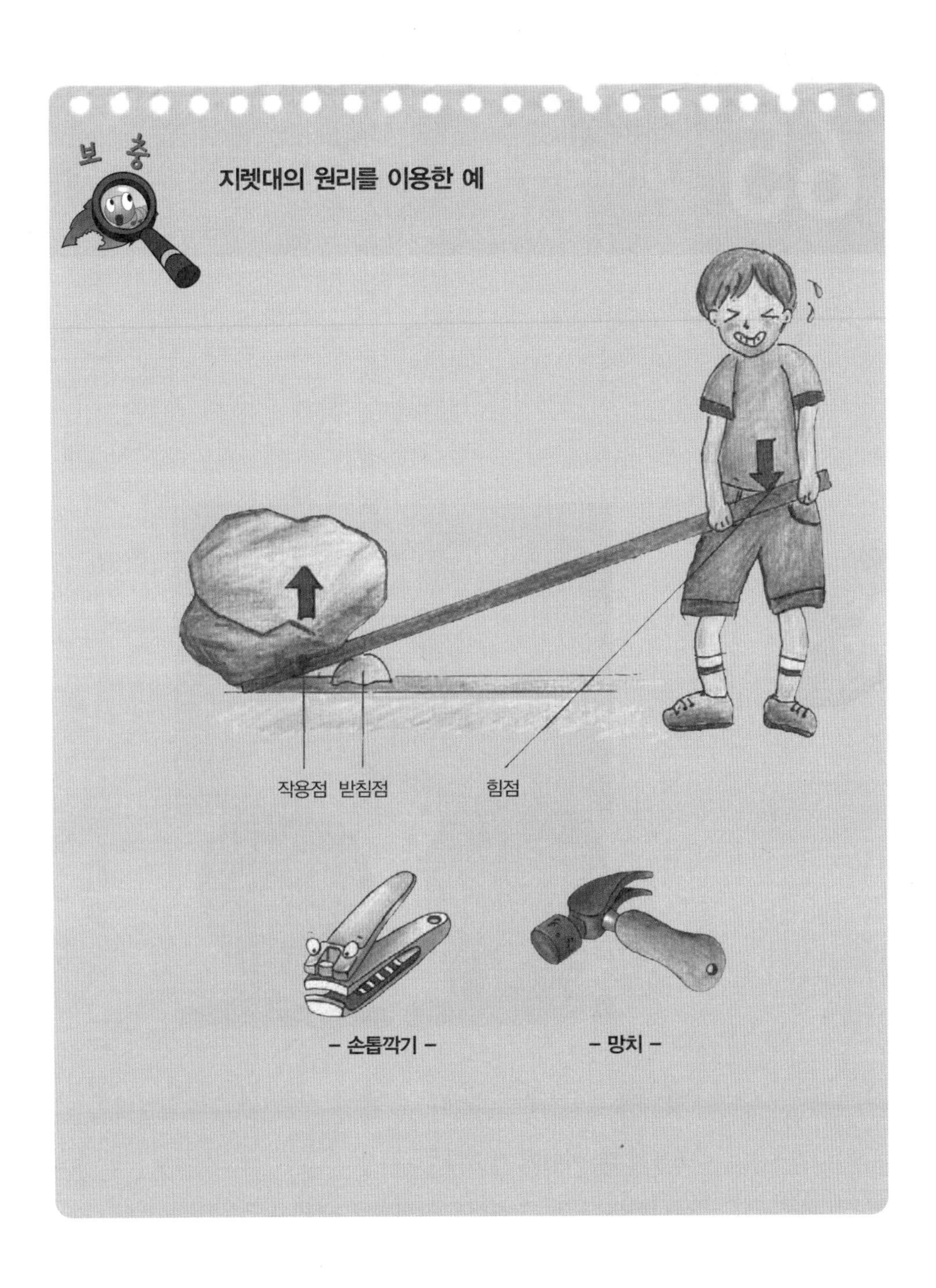
보 충
지렛대의 원리를 이용한 예
작용점
받침점
힘점
- 손톱깎기 -
- 망치 -

Section
65 미래에는 타임 머신을 만들 수 있다

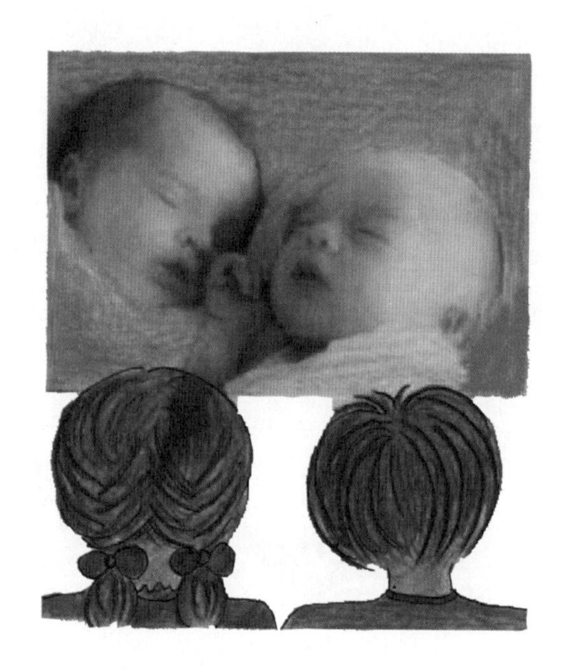

"앗 저게 뭐야. 바로 나잖아. 으~. 징그러 지금 나와 똑같네."

"조용히 해. 아이들 깨겠다."

"아이들은 무슨, 저 아이들은 바로 우리 라고!"

한별이와 은별이는 타임 머신을 타고 자신들의 과거로 왔습니다. 아기 때의 기억이 나지 않아 궁금했었는데, 이번에 타임 머신이 개발되어 올 수 있게 된 것입니다.

"은별아! 이렇게 과거를 볼 수 있다니 정말 신기하지 않니?"

"그러게, 우리 이럴 게 아니라 미래로 가 보는 게 어때?"

은별이는 과거보다도 미래가 궁금했습니다.

"그래, 좋았어. 그럼 어디 미래로 날아가 볼까?"

"그런데, 이걸 어떻게 움직이지?"

한별이는 미래로 가는 방법을 알 수가 없었습니다.

'어떻게 된 걸까? 과거로는 어떻게 오게 된 거지?'

한별이의 머릿속은 복잡해졌습니다.

문득, 이게 혹시 꿈이 아닐까하는 생각이 들었습니다. 그래서 자신의 볼을 꼬집어 보았습니다.

헉! 한별이가 볼을 꼬집는 순간, 별이 보일 정도로 아픈 것이었습니다.

"아~!"

한별이는 벌떡 일어났습니다.

"오빠! 뭐하는 거야?"

한별이의 옆에 은별이가 서 있었습니다.

한별이는 지금 꿈을 꾸고 있는 것일까요? 아니면 사실일까요? 타임 머신은 만들 수 있다! 맞을까? 틀릴까?

정답 [X]

만약 타임 머신이 미래에서라도 만들 수 있다면 지금 미래에서 타임 머신이 와야할 것입니다. 또한 타임 머신으로 인해 과거의 역사가 바뀌고 현재도 달라질 것인데, 그런 일은 없습니다. 그러므로 타임 머신은 만들 수 없습니다.

시간에 관한 이야기를 한 사람은 많습니다. 그 중에서 가장 대표적인 사람이 아인슈타인입니다. 그는 뉴턴의 차원에 관한 정리에 시간이라는 개념을 넣어 4차원에 관한 이론(상대성 이론)을 발표한 대표적 인물입니다.

훗날 그는 빛의 속도보다 빠른 물체는 존재할 수 없다는 내용을 발표함으로써 시간 여행이 불가능하다는 것을 주장했습니다.

– 아인슈타인 –

Section

66 우주선 안에서는 중력이 없으므로 키가 커진다

한별이는 은별이와 키가 비슷한 게 항상 불만입니다. 은별이가 있는 데에서는 자기가 조금 더 크다고 말합니다. 하지만 사실은 자신이 은별이보다 조금 작다는 사실을 알고 있습니다.

매일 거울을 보며 하루 빨리 은별이보다 커지기만을 기다리고 있습니다.

오늘도 한별이는 거울을 보며 마치 주문이라도 외우듯이 중얼거립니다.

"은별이보다 키가 빨리 더 커야 할텐데…."

이런 한별이의 고민을 엄마께서는 잘 알고 있습니다.

"한별아, 너무 걱정마라. 곧 크게 될거야."

하지만 엄마의 말씀이 한별이의 귀에 들어오지 않습니다. 사실 이 말은 오래 전부터 들어 왔기 때문입니다.

그 때 아빠께서 이런 말씀을 하셨습니다.

"한별아, 너 일주일만에 키가 10cm 크게 해 줄까?"

"예? 일주일만에요?"

"그래, 우리 한별이 매일 키 때문에 고민하는데, 아빠가 일주일만에 네 키를 10cm 크게 해 줄 수가 있지. 하하하!"

"어떻게요?"

"우주선을 타고 일주일만 우주 밖에 있다가 와 봐. 그러면 키가 쑥쑥 자라서 올거야."

"어떻게요?"

"우주에는 중력이 없기 때문에, 우리를 누르는 힘이 없을 테고, 그러면 눌려 있던 뼈들이 펴져서 키가 커지지 않겠니?"

"……."

◎ 한별이 아빠의 말씀처럼 우주에 가면 키가 정말 커질까요? 맞을까? 틀릴까?

정답 [O]

맞습니다. 역시 아빠의 실력은 대단합니다. 우리는 태어나면서부터 중력이라고 하는 힘에 눌려서 살고 있습니다. 그렇기 때문에 뼈들도 중력에 눌려 있답니다. 그런데 우주에는 이런 힘이 없기 때문에 뼈들 사이가 벌어지게 되고 키가 커지게 되는 것입니다.

키가 커진 상태에서 지구로 다시 돌아오면 어떻게 될까요?

지구에 돌아오면 다시 중력의 영향을 받게 됩니다. 그렇기 때문에 커진 키는 다시 원래의 상태로 돌아오게 됩니다.

Section

67 움직이는 리프트에서 아래로 물체를 떨어뜨리면 물체는 수직으로 떨어진다

은별이네 학교에서 단체로 스키장으로 캠프를 왔습니다.

드디어 기다리던 게임을 하는 시간입니다.

선생님께서는 학생들에게 게임에서 알아야 할 규칙과 주의사항을 알려줍니다.

"리프트를 타고 가다가 보면 큰 항아리가 나옵니다. 거기에 여러분에게 나누어 준 공을 던져서 넣으면 됩니다."

은별이네 조는 모두 6명입니다. 은별이는 이번 게임이 무척 걱정이 됩니다. 왜냐하면 리프트를 처음 타 보기 때문입니다.

먼저 친구들이 모여 회의를 한 결과 친구들의 주장은 다음과 같았습니다.

에디 : 리프트가 항아리를 지나기 전에 던져야 한다.

은별 : 리프트가 항아리 위를 지날 때 바로 던지면 정확하게 들어간다.

미나 : 리프트가 항아리 위를 지나고 나서 던지면 정확하게 들어간다.

움직이는 리프트에서 아래로 물체를 떨어뜨리면 물체는 어떻게 떨어질까요? 에디, 은별, 미나의 생각 중에서 누구의 말이 맞을까요?

정답 [에디]

에디의 생각이 가장 맞습니다. 리프트가 움직이고 있었기 때문에 그 상태에서 공을 놓으면 공은 바로 아래로 떨어지지 않고 포물선을 그리면서 떨어집니다. 따라서 항아리를 지나기 전에 떨어뜨려야 합니다.

공의 속력이 줄지 않는다면 어떻게 될까요?

만약 떨어뜨린 공의 속력이 줄지 않고 일정하게 유지 된다면 공은 바닥에 떨어지지 않고 계속 앞으로 나가게 될 것입니다. 이는 밖으로 뛰쳐나가려는 힘과 지구가 잡아당기는 중력의 크기가 같기 때문입니다.

Section

68 롤러코스터에서 거꾸로 돌아도 물건이 떨어지지 않는다

여기는 놀이동산입니다. 한별이네 학교에서 소풍을 온 것입니다.

은별이는 한별이가 만나기로 한 장소에 오지 않아 보통 화가 난 것이 아닙니다. 한별이가 은별이랑 같이 먹기로 한 도시락을 가지고 있기 때문입니다.

그 시간 한별이는 은별이가 자기를 기다리고 있다는 사실은 까맣게 잊어버린 채 친구들과 도시락을 먹고 있었습니다.

"한별이는 역시 최고야!"

"맞아, 우리를 위해서 이렇게 김밥을 많이 준비해 오다니."

"고맙긴, 많이 먹어."

순간 한별이는 아침에 엄마께서 하신 말씀이 생각났습니다.

"이거 꼭 은별이랑 같이 먹어야 된다. 은별이에게 맡겨야 하는데, 네가 꼭 들고 가고 싶다고 해서 맡기는 거니까 절대로 잊지 마라."

이제 한별이는 큰 일이 났습니다.

'이 일을 어떡하지.'

한별이가 걱정스런 생각이 들 무렵 은별이가 헐레벌떡 뛰어 오고 있었습니다.

한별이는 먹던 김밥을 빨리 숨겼습니다.

"오빠! 내 점심 어떻게 했어?"

"어 그거, 실은 아까 청룡열차를 탔는데, 가방 자크가 열려 있었나 봐. 거꾸로 도는 순간 그만 김밥이 떨어져 버렸지 뭐야."

"뭐야! 그걸 지금 말이라고 하는 거야!"

"진짜야!"

한별이는 마치 김밥이 정말 청룡열차를 타다가 떨어진 것인 양 큰 소리를 쳤습니다.

"오빠가 먹고 거짓말 하는 거 다 알아. 집에 가면 엄마한테 다 이를테니까 각오해! 청룡열차가 거꾸로 돌 때도 물건은 떨어지지 않아!"

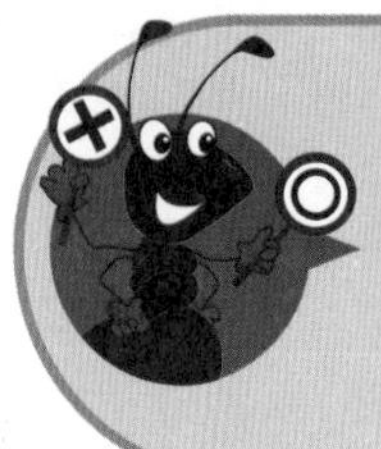

은별이가 무척 화가 났군요. 그런데 은별이는 한별이가 거짓말을 한다는 것을 어떻게 알았을까요? 정말 은별이의 말처럼 청룡열차가 거꾸로 돌 때도 물건이 떨어지지 않을까요?

정답 [O]

청룡열차가 거꾸로 도는 순간을 생각해 봅시다. 만약 거꾸로 도는 순간 물건이 떨어진다면 사람도 떨어져야 합니다. 물론 안전 장치가 있지만 열차의 무게를 생각해 본다면 열차도 떨어져야 하지요. 하지만 절대로 그런 일은 일어나지 않습니다. 왜일까요? 그건 바로 원심력 때문입니다.

한별이가 김밥이 떨어질 거라고 한 것은 지구가 당기고 있는 중력 때문입니다. 하지만 그 힘만큼 반대쪽을 향하는 힘이 있는데, 그 힘을 바로 원심력이라고 합니다. 그래서 한별이가 한 말은 거짓말인 것입니다.

보충

원심력을 이용한 민속 놀이

– 쥐불놀이 –

Section

69 종이 컵에 물을 넣고 끓여도 종이가 타지 않는다

은별이네 가족이 여름 휴가를 맞아 여행을 갔습니다.

올해는 알뜰 피서를 하기로 하고 콘도나 민박 대신 텐트를 치기로 하였습니다.

동해안 바닷가 텐트촌에 도착했습니다.

"야! 바다다!"

누구보다도 한별이가 좋아합니다. 한별이는 당장이라도 바다로 뛰어들 대세입니다.

"엄마, 저 바다에 먼저 갈게요."

"오빠! 옷을 갈아 입고 가야지!"

은별이가 한별이를 보며 말했습니다. 하지만 은별이도 마음은 한별이와 똑같습니다. 빨리 바다로 가고 싶었습니다.

"애들아, 일단 텐트부터 쳐야지!"

아빠께서 차 트렁크에서 텐트를 꺼내시면서 말씀하십니다.

"알겠습니다!"

한별이는 급한 마음에 텐트를 받아들었습니다.

순식간에 텐트를 다 쳤을 때였습니다. 옆에서 밥 준비를 하시던 엄마께서

"냄비가 없네. 너희를 아까 내가 차에 실으라고 준 거 어떻게 했니?"

순간 한별이와 은별이는 서로 얼굴만 마주 봅니다.

실은 서로 미루다가 깜빡 잊었던 것입니다.

"녀석들 잊어 버렸구나 괜찮다, 여기다 끓이지 뭐!"

"예~에?"

둘은 깜짝 놀랐습니다. 아빠가 들고 오신 것은 은별이가 그림을 그리려고 가져온 도화지였기 때문입니다.

아빠가 가져오신 도화지를 이용하여 물을 끓일 수 있을까요?

정답 [O]

물을 끓일 수 있습니다. 물은 잘 알다시피 100℃가 되면 끓습니다. 그리고 100℃가 넘으면 기체가 되어 날아가 버립니다. 따라서, 액체 상태인 물은 항상 100℃를 넘지 않게 되는 것입니다. 이에 비해 종이는 적어도 200℃가 넘어야 타게 됩니다. 그렇기 때문에 종이를 이용하면 타지 않고 물을 끓일 수 있답니다.

종이컵를 이용해서 라면을 삶는 방법

1. 컵 바로 아래에 불이 오도록 합니다. (주의 : 이 때 불길이 옆으로 새어 나가서는 안 됩니다. 물이 없는 곳에는 불이 붙으면 타기 때문입니다.)
2. 물이 끓으면 라면과 스프를 넣습니다.
3. 라면이 익으면 맛있게 먹으면 됩니다.

Section

70 추운 겨울철에 뜨거운 물이 미지근한 물보다 먼저 언다

은별이와 한별이가 티격태격 싸움을 합니다.

은별이가 마당에 뜨거운 물을 뿌렸는데 한별이가 그만 미끄러진 것이었습니다.

"분명 나는 뜨거운 물을 뿌렸다고!"

"말이 되니? 솔직히 말해! 너 찬물 뿌렸지? 그렇지 않고서야 물을 금방 뿌렸는데, 바로 언다는 게 말이 되냐? 나를 골탕먹이려고 찬물 뿌린 거잖아!"

한별이는 화가 많이 난 모양입니다.

은별이는 정말 답답하다는 듯 한별이를 쳐다봅니다.

'이상하다 분명 뜨거운 물을 뿌렸는데, 어떻게 된 일이지? 정말 한별이 말대로 뜨거운 물이 아니었나?'

날씨가 너무 차가운 것 같아 뜨거운 물을 뿌리면 좀 따뜻해질까 하여 물을 뿌렸는데, 하필이면 거기에 한별이가 미끄러지다니, 정말 이상한 노릇이었습니다.

게다가 뜨거운 물이었는데, 이렇게 빨리 언다니 이것도 이상했습니다.

한별이는 계속 으르렁거립니다.

겨울철에 뜨거운 물이 미지근한 물보다 빨리 언다는 것이 맞을까? 틀릴까?

정답 [O]

물론 찬물과 뜨거운 물을 비교하면 찬물이 먼저 업니다. 하지만 미지근한 물과 뜨거운 물을 비교하면 뜨거운 물이 먼저 업니다. 뜨거운 물이 식어서 미지근해지는 시간 동안 미지근한 물이 먼저 얼 것 같지요? 그렇지 않습니다. 뜨거운 물은 증발이 매우 빠르게 일어납니다. 이 때문에 미지근한 물보다 빨리 식어서 먼저 얼게 된답니다.

뜨거운 물을 더 빨리 얼게 하는 방법

물을 담는 그릇에 따라 어는 속도도 달라집니다. 표면적이 넓고, 열이 잘 새어나가지 않는 그릇(열전도율이 작은 재질의 그릇)을 이용하면 많은 양의 수증기가 한꺼번에 증발하게 되어 더 빨리 얼게 됩니다.

Section
71 자석을 이용하면 공중 부양을 할 수 있다

시골에서 할아버지와 할머니께서 오셔서 한별이네 가족이 서커스 구경을 갔습니다. 말이 할아버지, 할머니를 위하여 간 것이지 실은 한별이와 은별이가 더 서커스를 보고 싶었습니다.

마술을 보았는데, 정말 흥미진진했습니다.

"은별아, 저거 다 속임수지?"

"오빠, 그냥 보는 거야. 속임수라고 생각하며 보면 재미가 없는 거야."

은별이가 한별이의 말에 따끔하게 충고를 합니다.

"오래 기다리셨습니다. 이번에는 오늘의 하이라이트인 공중 부양을 보여드리겠습니다."

"우와!"

보고 있던 관중들이 탄성을 지릅니다. 눈으로 보면서도 믿기지 않는 광경이 펼쳐진 것입니다.

어른이 가느다란 봉 한 개만 잡은 채로 공중에 떠 있는 것이었습니다. 게다가 우리의 의심을 풀어주려는 듯 사람과 공간 사이에 작대기를 넣어 지나가는 모습을 보여 주었습니다. 한별이와 은별이는 어떻게 된 것인지 궁금했습니다.

정말 사람이 봉 한 개만 잡고 공중에 뜰 수 있을까요? 아니면 이것도 눈속임일까요?

정답 **[뜰 수 있다]**

공중부양이란 말 그대로 사람이 공중에 뜨는 것입니다. 말은 쉽지만 실제로 자기 스스로 공중에 떠 있을 수는 없습니다. 가끔 요가나 기타 운동을 한 사람들이 공중에 뜰 수 있다고 하지만 그건 공중부양이라기보다는 점프라고 하는 것이 더 맞는 이야기입니다.

그럼 서커스에서 본 것은 어떻게 한 것일까요? 물론 눈속임인 경우도 있지만 자석을 이용하면 쉽게 공중부양을 할 수 있습니다.

한마디로 하자면 전자석의 힘이라고 할 수 있습니다. 전자석은 영구 자석과는 달리 엄청난 힘을 낼 수가 있습니다. 따라서 미리 몸에 큰 전자석을 묶고 있다가 여러 동작을 한 후 자연스럽게 전기를 흘려 자석이 되게 하면 몸이 뜨게 되는 것입니다. 물론 이 때 천장 부분에도 커다란 자석을 미리 준비해 두어야 합니다.

전자석을 이용한 예

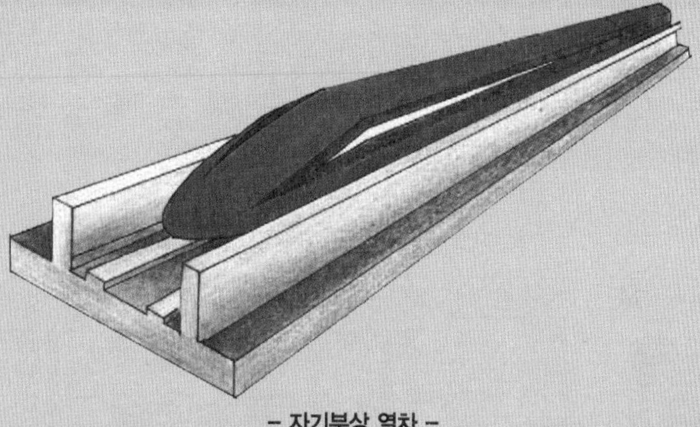

– 자기부상 열차 –

전자석 전류가 흐르면 자석이 되고, 전류를 끊으면 원래의 상태로 돌아가는 일시적 자석

Section

72 진자를 느리게 하려면 추의 무게를 무겁게 하면 된다

"땡~. 땡~. 땡!"

한별이네 집에는 커다란 괘종 시계가 있습니다. 할아버지 때부터 내려온 것인데, 아빠께서 무척 귀하게 생각하십니다.

그런데 한별이만은 괘종 시계를 싫어합니다.

왜냐하면 아침마다 괘종 시계가 울리는 소리를 들으며 일어나니까요. 물론 소리를 안나게 할 수도 있지만 아빠께서 절대로 그렇게 못하게 하십니다.

요즘 들어 한별이가 괘종 시계를 싫어하는 이유가 한 가지 더 생겼습니다. 시간이 조금씩 빨라진다는 것입니다. 그래서 아침마다 시계를 고쳐보지만 소용이 없습니다.

“아빠! 이 시계 갖다 버려요! 시간도 하나도 맞지 않고, 소리만 크고~!”

“하하하! 녀석도. 시간이야 맞추면 되는 거지.”

‘아하, 그렇구나!’

한별이는 시계의 바늘을 뒤로 돌려놓았습니다. 그런데 그것도 잠시일 뿐 다시 시간이 빨라지는 것이었습니다.

그래서 오랜 궁리 끝에 이번에는 정말 기발한 생각을 했습니다. 추 뒤에다가 무거운 돌을 갖다 붙인 것입니다.

추가 무거워지면 괘종이 느리게 움직일테고 그러면 당연히 시간이 느리게 갈 테니까요.

과연 한별이의 생각처럼 시계가 느리게 갈까요?

진자를 느리게 하려면 추의 무게를 무겁게 하면 된다는 한별이의 생각은 과연 맞을까? 틀릴까?

정답 [X]

추가 한 번 왔다 갔다 하는 것을 '주기'라고 합니다. 주기는 추의 무게와는 상관 없고 추의 길이에만 영향을 받습니다. 그래서 시계를 느리게 가게 하려면 추 밑에 있는 작은 조정나사를 돌려 추의 길이를 길게 해야 합니다.

지구가 둥글다는 것을 증명한 푸코진자

시계추처럼 왔다 갔다 하는 운동을 진자의 주기 운동이라고 합니다. 1851년 프랑스의 과학자 푸코는 진자가 일정하게 흔들리는데도 둥글게 돌아가는 모습을 보고 지구의 자전을 증명하기도 했습니다. 우리나라에도 몇몇 과학관 앞에 푸코 진자를 만들어 놓았답니다.

진자 끝에 추를 매달아 좌우로 왔다 갔다 하게 만든 물체 (=흔들이)

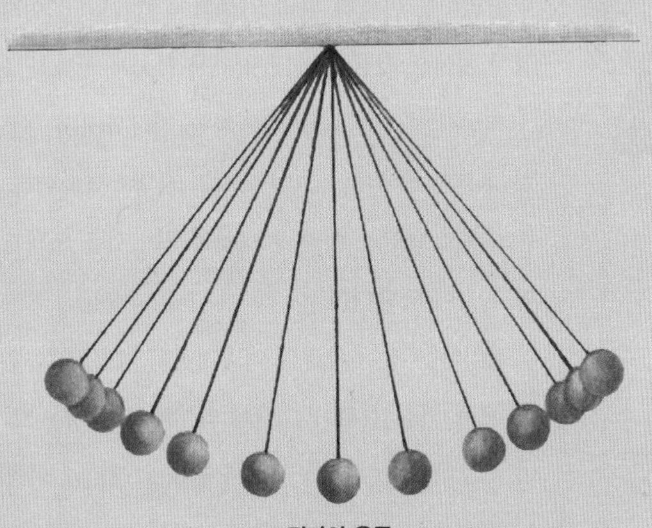

– 진자의 운동 –

Section 73 자동차 타이어가 닳으면 정지하는 데 걸리는 시간이 길다

한별이는 아빠를 따라 카센터에 왔습니다. 아빠께서는 특별한 고장이 없어도 가끔 카센터에 와서 자동차 상태를 점검하십니다.

그렇기 때문에 한별이네 차는 지금까지 한 번도 고장이 난 적이 없습니다. 한별이는 그런 아빠가 자랑스럽습니다.

그래서 오늘은 아빠가 세차하시는 것을 도와드릴 겸해서 아빠를 따라 같이 왔습니다.

정비하는 형이 차량의 이곳저곳을 꼼꼼히 살펴보았습니다.

"모두 정상입니다. 그런데 타이어가 많이 마모 되었는데요. 타이어가 많이 마모되면 도로에서 잘 미끄러지게 되거든요."

그러면서 타이어의 상태를 설명해 주었습니다.

아빠께서도 마모된 타이어를 그대로 타고 다니실 수 없다면서 타이어를 갈았습니다.

그래서인지 돌아오는 길에 차는 더 잘 가는 것 같았습니다.

그런데 한별이의 머릿속에서는 카센터에서 집으로 오는 동안 줄곳 풀리지 않는 의문이 있습니다.

카센터에서 정비를 하던 형의 말 중에서 타이어가 마모되면 잘 미끄러진다고 했는데 그 말이 이해가 되지 않았습니다.

분명히 학교에서는 마찰력은 접촉하는 면적과는 무관하다고 배웠습니다.

오히려 타이어가 마모되어 지면과 닫는 면적이 넓어지면 마찰력이 커져 정지하는 데 걸리는 시간이 짧다는 생각이 들었습니다.

하지만 분명 아까 아빠도 타이어가 마모되면 위험하다고 하셨는데….

한별이의 머릿속은 무척 복잡해졌습니다.

자동차 타이어가 닳으면 정지하는 데 걸리는 시간이 길다. 맞을까? 틀릴까?

정답

생각했던 것과 다르죠! 아마 여러분의 머릿속도 한별이만큼 복잡해졌을 겁니다. 한별이의 생각처럼 마찰력은 접촉면의 면적과는 상관이 없습니다. 하지만 타이어처럼 눌렀을 경우 모양이 변하는 경우는 접촉면적이 넓을수록 마찰력도 커지게 됩니다. 때문에 타이어가 닳으면 지면과 닫는 부분의 넓이가 커지게 되어 마찰력도 커지게 되므로 정지하는 데 더 시간이 길어지지 않습니다.

타이어가 닳으면 위험하다는 것은 무슨 뜻일까요?

그것은 비가 오거나 눈이 오는 경우 타이어에 홈이 나 있으면 좋기 때문입니다. 홈을 통해 물이 빠져 나가게 되는 것이지요.
만약 홈이 작아지게 되면 물이 빠져나가지 못해 타이어에 물로 된 층이 생겨 미끄러지게 되는데, 이러한 현상을 '수막현상'이라고 합니다.
즉, 타이어의 홈이 있어야 이러한 현상을 방지할 수 있는 것입니다.

Section

74 정지를 알리는 신호등이 빨간색인 것은 피의 색을 연상시키기 위해서이다

"차렷, 경례."

"선생님, 감사합니다."

드디어 학교 수업이 끝났습니다. 여느 때처럼 한별이는 친구들과 모여 집으로 돌아갑니다.

한별이네 학교 앞 건널목에는 교통 신호등이 있습니다.

그래서 등하교 때마다 그 앞에서 초록색 불이 들어오기를 기다렸다가 길을 건넙니다.

물론 등교할 때는 엄마들께서 나와 등교 지도를 해 주시지만 하교할 때도 크게 걱정을 하진 않습니다.

몇 년 전에 학교 앞에서 사고가 났었습니다. 달려오던 아이가 트럭을 보지 않고 횡단보도를 건너다가 그만 다친 것입니다.

그 일이 있은 얼마 후 그 횡단보도엔 신호등이 생겼습니다.

그래서 한별이는 신호등의 빨간색을 볼 때마다 무서운 생각이

듭니다.

신호등의 빨간색이 마치 사고 때 나는 피처럼 느껴진 것입니다.

'아! 그래, 어쩌면 빨간 신호등은 정말 피를 뜻하는 게 아닐까?'

한별이는 초록불을 기다리며 그런 생각을 했습니다.

"한별아, 뭐해? 초록불이 들어 왔잖아. 빨리 건너자!"

"응? 응. 그래."

한별이는 주위를 한 번 살펴본 후 횡단보도를 건넙니다.

횡단보도 앞에서는 일단 정지인데, 그것도 모르는 어른들이 참 원망스럽습니다. 신호등에서 정지를 나타내는 색은 모두 빨간색이지요. 한별이의 생각처럼 보는 이로 하여금 무서움을 주기 위해서일까요?

정답 []

피의 색이 붉은 색인 건 맞지요. 하지만 신호등에서 정지를 나타내는 등이 빨간색인 것과는 아무런 상관이 없습니다. 신기하게도 세계 대부분의 나라에서 정지를 나타내는 신호등의 색은 빨간색입니다. 빨간색이 먼 거리에서 보았을 때 가장 잘 보이는 색이기 때문입니다.

무지개의 일곱색은 가까이 있으면 모두 잘 보이지만 멀리 있을 때는 빨간색이 가장 잘 보입니다.

파장의 길이가 긴 색은 먼 거리까지 보이지만, 파장의 길이가 짧은 색은 먼 거리에서는 볼 수 없습니다. 그런데 무지개의 일곱색 중 빨간색은 파장이 가장 길어 멀리에서도 잘 보이는 것입니다.

연습용 자동차나 비옷이 노란색인 것도 이와 비슷한 이유에서 입니다.

Section
75 거울을 이용하면 현관등이 켜지지 않게 할 수 있다

하늘에는 어둠이 내렸습니다. 한별이는 집 앞에 오자마자 걱정부터 앞섰습니다.

늦어도 8시까지만 영수네 집에서 놀고 가기로 엄마랑 약속하였는데, 컴퓨터 게임을 하다가 그만 너무 늦어버린 것입니다.

며칠 전에도 한별이는 친구 집에서 놀다가 늦게 와서 부모님께 많이 혼이 났었습니다. 그리고 다시는 늦지 않겠다고 약속을 했었습니다.

사실 오늘은 일찍 돌아가려고 했었습니다. 그런데 영수가 집에 들어갈 때 들키지 않는 비법을 알려 주겠다는 말만 믿고 그냥 논 것인데, 지금은 후회가 막심합니다.

"정말 들키지 않게 들어갈 수 있어?"

"그래, 아무 걱정하지 말고 놀아."

"문은 열쇠가 있으니까 실짝 열면 되지만, 현관등은 어떻게 하지? 불이 확 들어오면 엄마가 바로 아실텐데?"

"걱정마. 들어갈 때 이걸 쓰고 들어가라고."

그러면서 영수가 내민 것은 자기 방에 걸려 있던 거울이었습니다.

"이걸 쓰고 들어가라고?"

"그래, 걱정 말고 놀자."

그래서 한별이는 영수의 말을 듣고 자신도 모르게 그만 늦은 시간까지 놀았던 것입니다.

영수의 말처럼 거울을 이용하면 현관등이 켜지지 않게 할 수 있을까요?

정답 [O]

현관등은 켜지지 않습니다. 하지만 엄마를 속이려고 한 건 잘못한 일입니다. 현관등이 저절로 켜지는 이유는 무엇일까요? 쉽게 설명하면 다음과 같습니다.

현관등은 크게 두 부분으로 되어 있습니다. 한 부분은 적외선을 보내는 부분이고 한 부분은 반사되는 부분을 측정하는 부분입니다. 그런데 사람이 들어오면 적외선에서 감지한 주변 온도 측정 수치가 변하게 됩니다. 감지기는 이렇게 되돌아 온 적외선의 세기가 변하는 것으로 사람이 들어온 것을 알게 된답니다.

그런데 거울을 머리에 얹고 가면 센서가 거울에 반사되므로 사람의 체온을 감지하지 못한답니다.

- 자동차의 후방 경보기 -

Section

76 아침에 뜨는 해가 오후에 뜨는 해보다 커 보인다

한별이네 가족이 겨울 여행을 갑니다. 청량리에서 강원도 정동진으로 가는 밤기차를 탔습니다. 지난해에도 가려고 했지만 기차표를 구하지 못해서 가지 못했는데, 올해는 아빠께서 미리 표를 예매하셔서 갈 수 있게 된 것입니다.

"다음은 이 열차의 종착역인 정동진, 정동진역입니다."

정동진에 도착했다는 안내 방송이 나옵니다.

"야! 드디어 정동진이다!"

한별이는 신이 나서 제일 먼저 기차에서 내립니다. 아직 주위는 어둠에 쌓여 있습니다.

"아빠! 그런데 해는 왜 동쪽에서 떠요?"

한별이가 궁금해서 아빠에게 묻습니다.

"그것도 몰라! 지구가 서쪽으로 도니까 그렇지."

은별이가 한별이를 한심하다는 듯이 쳐다보며 말합니다.

"……"

그 순간 멀리서 빛이 올라오는 모습이 보이기 시작했습니다.

"와~!"

가족 모두 절로 탄성이 나옵니다.

그리고 두 손을 모아 가족의 행복과 건강을 위해 두 손을 모읍니다.

해가 완전히 올라 왔습니다.

한별이가 아빠에게 말합니다.

"아빠! 그런데 학교에서 낮에 본 해보다 큰 것 같이 보이네요?"

"또 말도 안 되는 소리를 하냐!"

은별이가 또 한 마디 하려고 합니다.

"아니야, 저 것 봐! 정말 더 커 보인다니까!"

아침에 뜨는 해가 오후에 뜨는 해보다 정말 더 커 보일까요?

정답 [O]

이번에는 한별이의 말이 맞았네요. 물론 태양의 크기가 실제로 더 커진 것은 아닙니다. 하지만 우리 눈에는 아침의 해가 오후의 해보다는 커 보입니다. 바닷가같이 주위에 아무 것도 없는 곳에서는 특히 더 커 보입니다. 이런 현상을 '착시 현상'이라고 합니다.

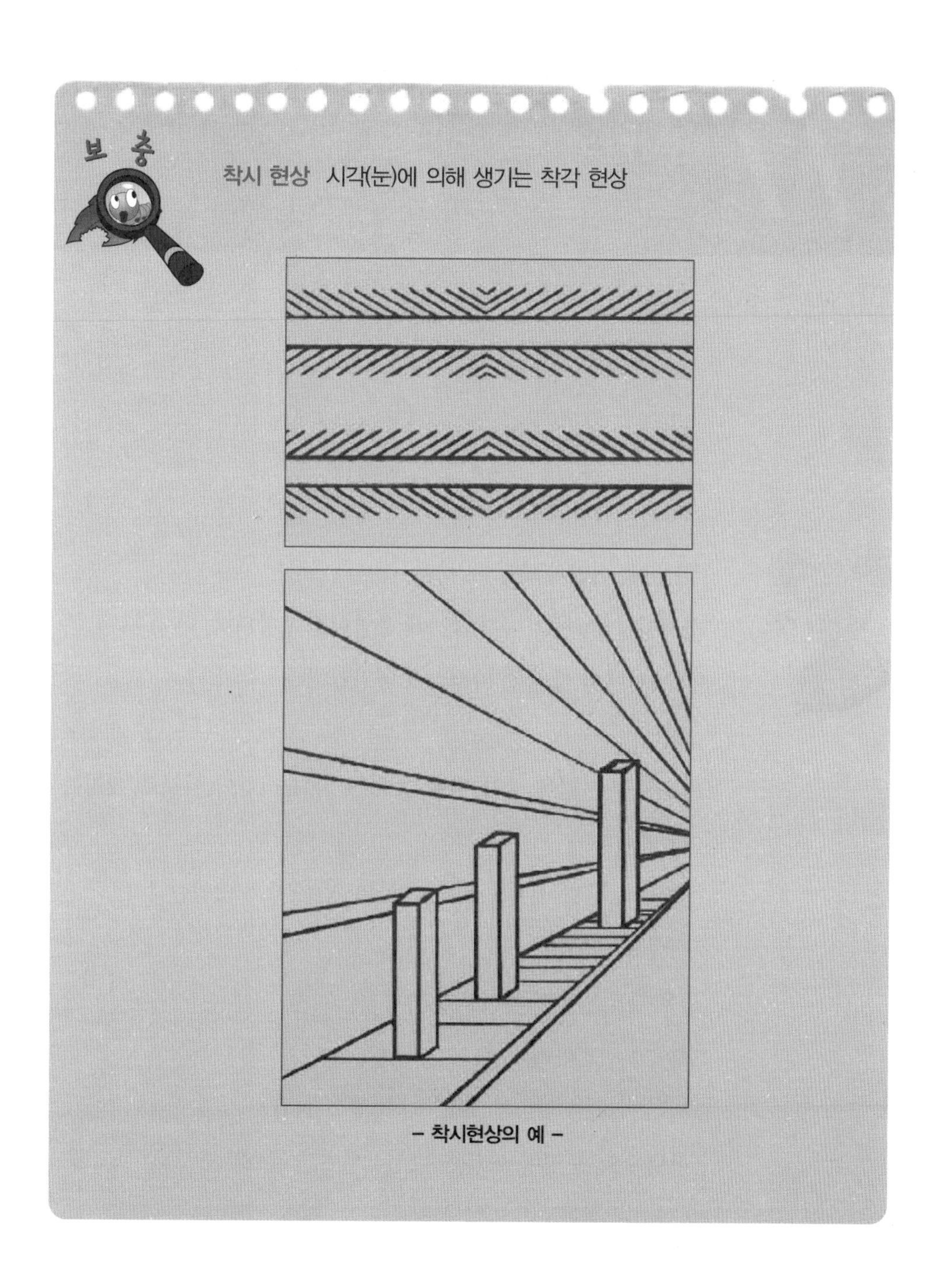

– 착시현상의 예 –

Section 77 사람의 목소리만으로 물 잔을 깨뜨릴 수 있다

"은별아, 이리와 봐!"

한별이가 TV를 보다가 급하게 은별이를 부릅니다.

TV에서는 추석 특집 마술쇼가 한창입니다.

"야앗~!"

마술사가 기합을 주자 앞에 놓여 있던 유리컵이 차례로 깨지는 것이었습니다.

한별이와 은별이는 눈으로 보면서도 믿을 수가 없었습니다.

'어떻게 된 거지?'

둘은 서로 얼굴만 쳐다보았습니다.

함께 보시던 아빠께서

"저건 아마 눈속임 일거야." 라고 하셨습니다.

"아니에요. 분명이 소리를 지르니까 깨진 걸요?"

한별이가 흥분하며 말합니다.

정말 소리로 유리를 깬 것일까요, 아니면 아빠의 말씀처럼 눈 속임일까요?

마술사가 보여준 유리잔 깨기 마술을 가끔 TV나 공연 장소에서 보게 되지요? 과연 그건 눈속임일까요? 아니면 정말 소리로 유리를 깬 것일까요?

정답 [둘 다 맞다(?)]

사실 마술사가 한 것은 눈속임이 맞습니다. 미리 컵 아래에 장치를 한 후 마술사가 "얍"하고 소리를 내면 기계를 작동해서 깨는 것입니다.

하지만 실제로 소리를 질러 컵을 깰 수도 있습니다.

먼저 컵을 문질러 마찰시켜 보면 컵에서 높은 음의 소리가 들리는데, 이것이 그 컵의 고유한 진동수*입니다. 이 진동수를 측정한 후 같은 진동수의 음파를 발생시키면 잔 역시 같은 주파수이므로 공명*에 의해 점점 크게 진동하게 되고 결국 깨지는 것입니다.

실제 얼마 전 TV에서 어느 성악가가 소리를 질러 컵을 깨는 장면이 나오기도 했었습니다.

진동수 진동운동에서 물체가 일정한 왕복운동을 지속적으로 반복하여 보일 때 단위시간당 이러한 반복 운동이 일어난 횟수

진동수의 단위 진동수의 단위로는 Hz(헤르츠)를 사용하는데 보통 사람의 귀에 들리는 진동수는 대략 20~20,000Hz

공명 진동계가 그 고유진동수와 같은 진동수를 가진 소리를 주기적으로 받아 진폭이 뚜렷하게 증가하는 현상

Section

78 빛이 없어도 시간이 지나면 보인다

시험이 끝났습니다. 모처럼 아빠도 일찍 오시고 해서 영화를 보기로 했습니다.

"은별아, 그런데 너 아까부터 왜 한쪽 눈을 가리고 있니?"

엄마께서 은별이에게 물으십니다. 그러고 보니 은별이는 아까 매표소에서부터 줄곧 한 쪽 눈을 가리고 있습니다.

"하하 나는 알지."

아빠께서 웃으며 말씀하십니다.

"우리 은별이가 극장 안에 들어갔을 때 잘 보려고 그러는 거구나."

"예, 아빠! 과학 시간에 배웠어요. 이렇게 하고 들어가면 한 쪽 눈은 어두운 걸로 알고 동공에 빛을 많이 받아들이려고 하지요."

은별이가 자랑스럽게 말합니다. 한별이는 그런 은별이가 얄밉게 느껴집니다.

"그래, 그래서 어두운 극장 안에 들어가도 잘 보이게 되는 거란다."

아빠도 은별이의 말에 맞장구를 쳐 주십니다.

"그런데 은별아, 만약 극장에 빛이 하나도 없다면 어떻게 되니? 그래도 보일까?"

엄마께서 은별이에게 물어봅니다.

"글쎄요? 어떻게 될까요? 그건 배우지 않아서 잘 모르겠어요."

순간 기다렸다는 듯이 한별이가 말합니다.

"그것도 모르냐! 깜깜한데 뭐가 보이겠어. 엄마 안 보여요."

"호호호, 우리 한별이가 자신있게 대답하네."

"아니야. 처음에는 보이지 않겠지만 시간이 지나면 보일거야!"

은별이도 지지 않으려는 듯 크게 말합니다.

빛이 없어도 시간이 지나면 보인다는 은별이의 말! 맞을까? 틀릴까?

정답 [X]

물론 어두운 극장에서는 시간이 지나면 보입니다. 하지만 그렇게 보이는 것은 적은 양이지만 극장 안에 빛이 있기 때문입니다. 빛이 전혀 없으면 아무리 시간이 지나도 보이지 않습니다.

우리 눈에는 간상세포라고 하는 부분이 있습니다. 그곳에서 주위가 얼마나 밝은지 어두운지를 뇌에 전해 주어 사물을 볼 수 있도록 합니다. 하지만 간상세포에 전달되는 빛이 전혀 없으면 뇌에 전달할 것이 없고, 사물을 볼 수 없습니다. 즉, 동공을 아무리 크게 해도 소용이 없답니다.

눈의 구조

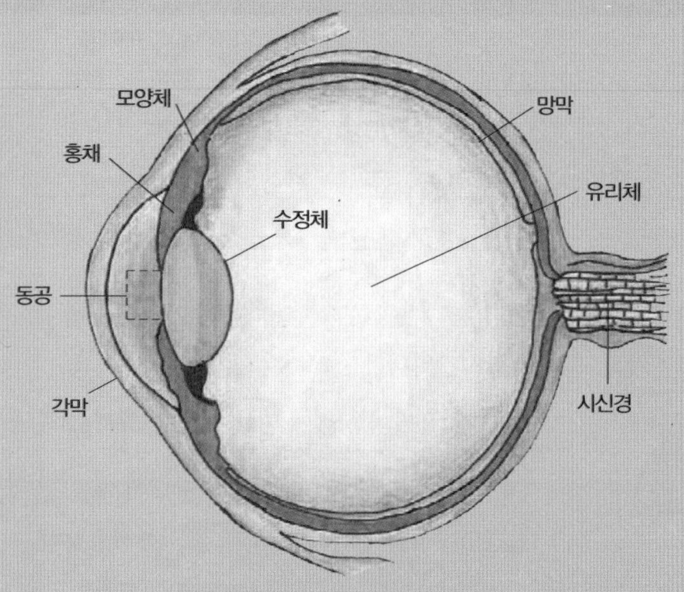

각막 투명한 막으로, 빛이 최초로 통과하는 부분

홍채 수축과 이완으로 동공의 크기를 변화시켜 빛의 양을 조절

모양체 수축과 이완으로 수정체의 두께를 조절

수정체 빛을 굴절시켜 망막에 상이 맺히도록 하는 부분

유리체 눈의 내부를 채우는 액체

망막 시세포가 분포하여 상이 맺히는 부분

시신경 대뇌로 시각 정보를 전달하는 부분

Section

79 물이 얼면 부피가 줄어든다

과학시간입니다.

"오늘은 물질의 상태에 따른 부피 변화에 대해 공부하겠습니다."

"물질은 상태에 따라 고체, 액체, 기체 세 가지 상태로 나뉩니다."

선생님께서는 칠판에 다음과 같이 쓰셨습니다.

◈ 물질의 상태

1. 고체 : 일정한 모양과 부피를 가지고 있다.

   예) 돌, 지우개, 유리 구슬, 나프탈렌, 얼음, 양초, 나무 등

2. 액체 : 흐르는 성질을 갖고 있으며, 담는 그릇에 따라 모양은 변하지만 부피는 일정하다.

   예) 식초, 식용유, 물, 알코올, 바닷물, 우유, 사이다 등

3. 기체 : 흐르는 성질을 갖고 있으며, 담는 그릇에 따라 모양과 부피가 달라진다.

또한, 온도나 압력에 의해 모양이나 부피가 크게 달라진다.

예) 산소, 이산화탄소, 공기, 프로판, 수증기, 부탄 등

부피 비교 : 고체 〈 액체 〈 기체

선생님께서는

"똑같은 물질이라도 상태에 따라 그 부피가 달라집니다. 고체보다는 액체가, 액체보다는 기체가 부피가 더 나간답니다." 라고 말씀하셨습니다.

한별이는 문득 며칠 전의 일이 생각났습니다.

콜라를 얼려서 먹으려고 종이컵에 가득 담아 냉동실에 넣었습니다. 그리고 학교에 갔다 와서 꺼냈을 때 콜라가 컵 밖으로 흘러 얼어 있었고, 옆으로도 많이 퍼져 있었습니다.

'이상하다? 분명 액체인 물에서 고체인 얼음으로 되었을 때 부피가 늘어난 것 같았는데, 내가 잘못 봤나?'

그렇다고 선생님이 말씀하신 내용이 틀렸다고 할 수도 없었습니다.

분명 선생님께서는 액체보다 고체의 부피가 작다고 하셨습니다. 그런데, 한별이는 고체보다 액체의 부피가 더 작다고 생각합니다. 한별이의 생각은 맞을까? 틀릴까?

정답 [O]

물론 선생님의 말씀이 맞습니다. 하지만 한별이의 생각도 맞습니다. 호호호, 무슨 말이 그러냐고요? 대부분의 물질은 선생님의 말씀처럼 액체 상태보다 고체 상태의 부피가 더 작습니다. 하지만 물은 특이하게도 고체가 되었을 때 부피가 더 커진답니다. 그러니 선생님 말씀도 맞고, 한별이의 생각도 맞답니다.

물이 얼음보다 부피가 작다는 증거

쉽게 빙산을 예로 들 수 있습니다. 고체인 빙산이 액체인 물 위에 떠 있습니다. 이건 물이 얼음보다 무겁다는 증거입니다. 즉 같은 부피일 때는 물이 더 무겁다는 뜻이지요. 그러므로 똑같은 무게가 되려면 얼음의 양이 많아야 하는 것입니다.

Section

80 눈이 오는 날에 소리가 더 크게 들린다

밤하늘에서 하얀 눈이 소리 없이 내립니다.

"고요한 밤~, 거룩한 밤~, 어둠에 묻힌 밤~."

은별이가 노래를 부릅니다.

"송이송이 눈꽃 송이~."

한별이가 은별이의 노래를 방해하려고 다른 노래를 큰 소리로 부릅니다.

"왜 남이 노래하는 것을 방해하고 그래!"

"방해는 무슨 방해야! 내 노래 내가 부르는데!"

"그럼 다른 데 가서 부르지 왜 옆에서 부르고 그래!"

은별이는 한별이의 방해가 못마땅합니다.

모처럼 함박눈이 내려 즐거운 마음으로 노래를 부르며 분위기를 잡아보는데, 한별이의 방해가 좋을리 없습니다.

"눈이 오는데 옆에서 그러니까 평소보다 더 시끄럽게 들리잖아."

은별이가 화가 나서 한별이에게 소리를 지릅니다.

“말도 안돼! 눈이 온다고 소리가 더 크게 들린다니, 그런 게 어디 있냐? 억지를 쓰기는?”

한별이도 은별이에게 소리를 지릅니다.

은별이는 기분이 상했는지 방으로 들어가 버렸습니다.

눈이 오는 날에 소리가 더 크게 들린다는 은별이의 말! 맞을까? 틀릴까?

정답 [✕]

은별이의 생각은 틀렸습니다. 눈이 오는 날은 오히려 소리가 작게 들립니다. 소리가 크게 들릴 것처럼 느껴지는 건 주위가 평소보다 조용해져서 그렇게 느껴지는 것일 뿐입니다.

눈은 육방형의 결정으로 되어 있습니다. 이것들이 모여 입자가 되는 것입니다. 우리가 눈으로 보는 것은 이 입자들이 모여 있는 것으로 보통 10mm가 넘습니다. 큰 눈송이의 경우에는 100mm가 넘는 것도 있습니다. 이런 눈의 입자와 입자 사이에 수많은 틈이 있습니다. 이 틈이 바로 소리를 흡수하는 역할을 합니다. 그래서 눈이 내리는 날에는 소리들이 퍼지지 않고 눈으로 흡수되는 것입니다.

– 여러가지 형태의 눈 모양 –

일상생활에서 오해하기 쉬운
과학상식 바로 알고 가기 80

초판1쇄인쇄일 | 2011년 10월 01일
초판1쇄발행일 | 2011년 10월 05일
2쇄발행일 | 2015년 6월 15일

지은이 | 이상현 · 고선경
펴낸이 | 배수현
디자인 | 디자인수(02-3143-1095)
일러스트 | 최상미(feliz@naver.com)
펴낸곳 | 가나북스(www.gnbooks.co.kr)
전화: (031)408-8811 / 팩스: (031)501-8811

* 값은 뒤표지에 있습니다.
* 잘 못 만들어진 책은 판매처에서 교환해 드립니다.

ISBN 979-11-86562-02-4